"十二五"职业教育国家规划教材
经全国职业教育教材审定委员会审定

住房和城乡建设部中等职业教育建筑施工与建筑装饰专业指导委员会规划推荐教材

# 计算机辅助设计

## （建筑装饰专业）

曾学真　主　编
孙　敏　刘　怡　副主编

中国建筑工业出版社

图书在版编目（CIP）数据

计算机辅助设计 / 曾学真主编 . —北京：中国建筑工业出版社，2014.12（2021.11重印）

"十二五"职业教育国家规划教材.经全国职业教育教材审定委员会审定.住房和城乡建设部中等职业教育建筑施工与建筑装饰专业指导委员会规划推荐教材（建筑装饰专业）

ISBN 978-7-112-17566-6

Ⅰ.①计… Ⅱ.①曾… Ⅲ.①建筑制图—计算机辅助设计—AutoCAD软件—中等专业学校—教材 Ⅳ.①TU204

中国版本图书馆CIP数据核字（2014）第282394号

本书根据教育部、住房与城乡建设部颁布的中等职业学校建筑装饰专业教学标准的要求，突破了 CAD 教材传统的编写模式，打破传统学科体系进行编写。本书按照项目教学法的要求，分为 5 个项目，分别是项目 1 绘图准备，介绍 AutoCAD 2014 的基本界面及基础设置；项目 2 绘制基本图形，通过绘制家具设备和简单空间平面，介绍 AutoCAD 2014 软件常用的绘图和编辑命令；项目 3 绘制建筑施工图，通过绘制一套完整的别墅建筑施工图，介绍绘制建筑施工图的方法步骤；项目 4 绘制装饰施工图，通过绘制一个套间的建筑装饰施工图，介绍绘制建筑装饰施工图的方法和操作技巧；项目 5 布局与打印输出，介绍了如何进行图纸布局及按比例打印出图。本书循序渐进地介绍了 AutoCAD 2014 的基本操作方法和实用绘图技巧，内容专业有针对性，具有极强的实用价值。本书既适合作为中等职业学校建筑装饰专业的教材，也可供建筑设计、装潢设计等行业相关从业人员阅读。

为了更好地支持本课程教学，本书作者制作了精美的教学课件，有需求的读者可以发送邮件至：2917266507@qq.com 免费索取。

责任编辑：陈　桦　刘平平
书籍设计：京点制版
责任校对：李欣慰　赵　颖

"十二五"职业教育国家规划教材
经全国职业教育教材审定委员会审定
住房和城乡建设部中等职业教育建筑施工与建筑装饰专业指导委员会规划推荐教材

**计算机辅助设计**

（建筑装饰专业）

曾学真　主　编

孙　敏　刘　怡　副主编
*
中国建筑工业出版社出版、发行（北京西郊百万庄）
各地新华书店、建筑书店经销
北京京点图文设计有限公司制版
北京京华铭诚工贸有限公司印刷
*
开本：787×1092 毫米　1/16　印张：17¼　字数：356 千字
2015 年 10 月第一版　2021 年 11 月第五次印刷
定价：**47.00** 元（赠课件）
ISBN 978-7-112-17566-6
　　（26771）

# 本系列教材编委会 ◆◆◆

# 序言◆◆
## Preface

　　住房和城乡建设部中等职业教育专业指导委员会是在全国住房和城乡建设职业教育教学指导委员会、住房和城乡建设部人事司的领导下，指导住房城乡建设类中等职业教育（包括普通中专、成人中专、职业高中、技工学校等）的专业建设和人才培养的专家机构。其主要任务是：研究建设类中等职业教育的专业发展方向、专业设置和教育教学改革；组织制定并及时修订专业培养目标、专业教育标准、专业培养方案、技能培养方案，组织编制有关课程和教学环节的教学大纲；研究制订教材建设规划，组织教材编写和评选工作，开展教材的评价和评优工作；研究制订专业教育评估标准、专业教育评估程序与办法，协调、配合专业教育评估工作的开展等。

　　本套教材是由住房和城乡建设部中等职业教育建筑施工与建筑装饰专业指导委员会（以下简称专指委）组织编写的。该套教材是根据教育部2014年7月公布的《中等职业学校建筑工程施工专业教学标准（试行）》、《中等职业学校建筑装饰专业教学标准（试行）》及其课程标准编写的。专指委的委员专家参与了专业教学标准和课程标准的制定，并将教学改革的理念融入教材的编写，使本套教材能体现最新的教学标准和课程标准的精神。教材编写体现了理论实践一体化教学和做中学、做中教的职业教育教学特色。教材中采用了最新的规范、标准、规程，体现了先进性、通用性、实用性的原则。本套教材中的大部分教材，经全国职业教育教材审定委员会的审定，被评为"十二五"职业教育国家规划教材。

　　教学改革是一个不断深化的过程，教材建设是一个不断推陈出新的过程，需要在教学实践中不断完善，希望本套教材能对进一步开展中等职业教育的教学改革发挥积极的推动作用。

住房和城乡建设部中等职业教育建筑施工与建筑装饰专业指导委员会

2015 年 6 月

　　建筑装饰工程中，施工图是最为重要的基础资料，设计师用它们表达自己的创作，施工人员以它们作为施工的指引，造价师以此作为报价的依据。计算机绘图软件的问世，使设计人员从繁重的绘图工作中摆脱出来，设计绘图变得轻松而高效。设计师助理或者绘图员是中等职业学校建筑装饰专业学生最主要的就业岗位，学会使用 AutoCAD 绘制建筑与装饰工程图是最重要的职业技能之一，强化和熟练这种技能更是他们能顺利就业的重要保证。

　　AutoCAD 是美国 Autodesk 公司推出的品质超群的计算机辅助设计绘图软件包，可以用于建筑室内设计的建模和绘制室内设计施工图。本书根据教育部、住房与城乡建设部颁布的中等职业学校建筑装饰专业教学标准的要求，以最新版的 AutoCAD 2014 中文版为基础，重点介绍 AutoCAD 的绘图功能、图形编辑、精确作图、尺寸标注、打印出图等实用知识和技巧，在内容的组织与安排上，力求做到适合中职教育的特点。

　　编者在多年的 AutoCAD 教学过程中，发现目前已出版的中等职业学校计算机辅助制图的教材很多，但多数以介绍该软件的各种命令为主，学生虽然学会各种绘图、修改的命令，但在绘制建筑装饰工程图时，却无法将学过的命令运用出来。原因就在于学生在学习过程中是割裂地学习了软件单独某些功能，不能建立起正确的绘图思路，面对图纸时无从下手。

　　本书将 AutoCAD 的基本命令融合到具体的任务中进行介绍，这样就避免了由于单一地介绍命令造成学生虽对基本命令很熟悉，但绘制施工图时却不知所措的问题。循序渐进地从简单的任务出发，帮助学生快速建立起正确的绘图思维，通过有针对性的练习让学生掌握由简单到复杂的绘图技巧，而且强调规范科学地作图，结合工程实际的做法，专业而且高效。

　　本书由五个项目共 21 个任务构成，项目 1 绘图准备，介绍 AutoCAD 2014 的基本界面，了解该软件的基本功能，通过学习学生能完成基础设置并绘制图框；项目 2 绘制基本图形，通过绘制洗手盆、餐桌等家具设备及单一房间的平面图，介绍 AutoCAD 2014 软件常用的绘图和编辑命令，通过学习学生基本能够掌握常用的绘图和修改命令，绘制较复杂的单一图形；项目 3 绘制建筑施工图，介绍如何绘制一套完整的包括平面、立面、剖面在内的建筑施工图，介绍绘制建筑施工图的方法步骤，通过学习学生能依照建筑制图标准绘制中等复杂程度的建筑施工图；项目 4 绘制装饰施工图，从一个房间开始到绘制一个套间的建筑装饰施工图，包括平面图、地面铺装图、顶棚平面布置图、立面图和装饰构造详图，介绍绘制建筑装饰施工图的方法和操作技巧，通过学习学生能较熟练地规范地绘制建筑装饰施工图；项目 5 布局与打印输出，介绍了如何进行图纸布局及按比例打印出图，按制图标准要求的字体、比例、线型等规范出图。

本书的主编为广州市土地房产管理职业学校的曾学真，副主编为广州市土地房产管理职业学校的孙敏、刘怡，参编人员为广州市土地房产管理职业学校的林云仙、广州市建筑工程职业学校的费腾、广东省城市建设技师学院的张煜。其中曾学真编写了项目 1、项目 3，孙敏编写了项目 4，刘怡编写了项目 2 的任务 4~ 任务 7，林云仙编写了项目 2 的任务 1~ 任务 3、项目 3 的任务 6，费腾编写了项目 5，张煜编写了附录并绘制了部分练习。主审为广州市第二装修公司的陈健，在此表示衷心感谢！

计算机绘图本就各施各法，没有固定的程式，我们希望通过本书可以启发学生养成动脑筋绘图的习惯。限于编者水平有限，加之时间仓促，不足之处在所难免，恳请读者批评指正。

# 目录 ◆◆◆
# Contents

【项目概述】

　　一幅漂亮的图纸，必须内容正确，布图合理，图线清晰准确，字迹工整。学过建筑制图的同学们都知道，开始画图以前都要做好准备，比如准备好图板、丁字尺、三角尺、图纸、铅笔、橡皮擦、圆规等工具，根据图纸内容选择适当的绘图比例，预先估计各图形的大小及预留尺寸线的位置，将图形均匀、整齐地安排在图纸上，然后才能开始动笔画图。

　　用计算机绘制建筑图纸就显得简单多了，只需要有一台满足软件运行要求的电脑，安装上绘图软件，就可以开始画图了。计算机绘图在精度、速度、可修改性、输出等等方面都明显优胜于手工绘图，但要绘制的图形格式统一、规范，还需要在一开始就做好准备工作。

## 任务 1　新建文件并设置绘图环境

【任务描述】

　　在绘制图形之前，需要先建立一个新的图形文件，在开始绘图之前，还会根据个人的绘图习惯对 AutoCAD 的绘图环境进行设置，通常我们都会设置图形的单位、图形的界限等。

【学习支持】

　　平时生活中，经常接触到各种格式的文档，一般在文件名的后面都会有一些后缀，比如 doc 是 Word 文档的后缀，jpg 是图形文件的后缀，mp3 是音乐文件的后缀名，而利用 AutoCAD 画出来的图形文件的后缀名是 dwg。

当我们要开始画图时，首先需要启动 AutoCAD 软件，最常用的方法就是双击电脑桌面上 AutoCAD2014 的快捷图标，第一次启动 AutoCAD2014 时会出现"欢迎"窗口，将该窗口关闭即可进入工作界面如图 1-1 所示。

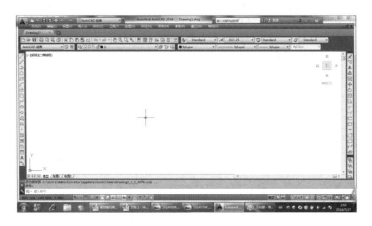

图 1-1　AutoCAD2014 工作界面

该工作界面与其他常用的 Windows 操作系统应用程序的界面比较类似也有自己的特点，分为标题栏、菜单栏、工具栏、绘图区、命令提示区等。

AutoCAD2014 命令执行操作的方式有很多，可以通过菜单的方式、工具按钮的方式或者直接键入命令的方式都可以。

AutoCAD2014 的菜单栏从左至右包括了文件、编辑、视图、插入、格式、工具、绘图、标注、修改等共 12 个主菜单项，点击各个主菜单项都可以用下拉菜单的形式包含了几乎所有的命令，图 1-2 就是绘图主菜单栏包含的绘制直线、多边形、矩形、圆形、圆弧等各种绘制图形的命令。

图 1-2　绘图菜单

AutoCAD2014 提供了 40 多种工具栏，部分常用的工具栏如绘图、修改、图层等都会在启动后显示出来，比如图 1-2 中最左边那一列就是绘图工具栏，每个工具栏包含若干工具按钮。默认情况下工具栏处于隐藏状态，如果想要使它们显示出来，点击下拉菜单"工具"，就会出现如图 1-3 显示出来的子菜单，根据使用的需要勾选所需要的工具栏。更简单的，只需要把鼠标移至任一工具栏上点击右键，就可以在弹出的快捷菜单上选择需要的工具栏。

图 1-3　管理工具栏

最常用的方式就是直接通过键盘输入命令，然后根据系统的提示进行下一步操作。比如在屏幕左下角的命令提示区通过键盘输入"L"，"L"是直线"LINE"的快捷键，系统收到这个命令就会在命令提示区提示下一个动作是指定直线的起点，如图 1-4 所示。

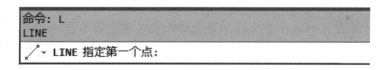

图 1-4　命令提示区

【学习提示】

AutoCAD2014 提供了"草图与注释"、"三维基础"、"三维建模"以及"AutoCAD 经典"4 种不同工作空间模式，为方便同学们将来工作时能适应各种不同版本的 AutoCAD 软件，本教材重点讲解"AutoCAD 经典"的工作界面。

【任务实施】

1. 新建图形文件

单击屏幕左上角的按钮 ，弹出如图 1-5 所示的"选择样板"对话框，可以根据需要选择不同的样板打开，通常初学者可以选择文件类型为 dwt 名称为"acadiso"的样板文件。因为样板文件中通常包含一些通用的设置，比如文字的格式、线型等等，还会有图框、标题栏这些通用的图形。将来可以自己创建符合专业要求的样板文件，节约作图的时间，提高绘图效率。

图 1-5　选择样板文件

2. 设置图形界限

我们可以把 AutoCAD 的绘图区想象成一张无限大的图纸，可以在任意位置画任意尺寸的图。为了方便观察和打印，通常我们都会限定一个绘图区域，不至于将图形画到指定区域之外不便于查看。

如图 1-6 点击下拉菜单格式→图形界限，或在命令提示区直接键入 limits，按照图 1-7 所示，根据命令行提示修改作图的图纸范围，通常左下角默认为原点，坐标为（0，0），右上角根据自己绘图的需要指定坐标值。可以通过 ON/OFF 选项来控制是否打开界限检查，如果选择 OFF，图形界限检查功能关闭，可以在界限之外绘图，如果选择 ON，则当绘制的图形超出界限范围时会出现提示。

图 1-6　图形界限菜单

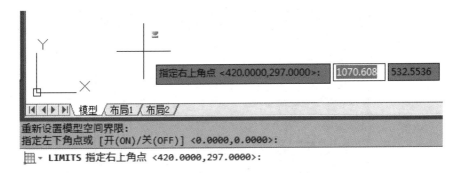

图 1-7　图形界限设置

### 3. 设置图形单位

由于 AutoCAD 是一个通用的绘图软件，满足不同国家不同专业的绘图需求，所以提供了米、毫米、英尺、英寸等各种单位供选择，我们必须在绘图前设置好满足规范要求的绘图单位。

图 1-8　图形单位菜单

如图 1-8 点击下拉菜单格式→单位，或直接键入快捷键"UN"，屏幕上会弹出"图形单位"对话框如图 1-9，根据使用习惯直接点选长度、角度的单位及精度等。

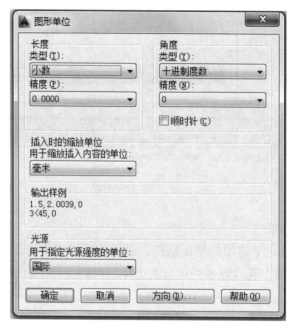

图 1-9　图形单位对话框

【技能训练】

试试新建一个图形文件，将图形界限设置为左下角默认为原点，坐标为（0，0），右上角坐标为（210，297），并将图形界限检查功能打开。将长度单位设为"小数"，精度设为"0.00"、角度设为"度 / 分 / 秒"，精度设为"0d"。

【评价】

| | | 评价内容 | 评价 | | | |
|---|---|---|---|---|---|---|
| | | | 很好 | 较好 | 一般 | 还需努力 |
| 学生自评<br>（40%） | 掌握操作方法 | 新建图形文件 | | | | |
| | | 设置图形界限 | | | | |
| | | 设置图形单位 | | | | |
| | 绘图速度 | 按时完成任务及练习 | | | | |
| 组间互评<br>（20%） | 整组完成效果 | 任务及练习的完成质量 | | | | |
| | | 任务及练习的完成速度 | | | | |
| | 小组协作 | 组员间的相互帮助 | | | | |
| 教师评价<br>（40%） | 计算机基础 | 鼠标、键盘的熟练程度 | | | | |
| | 命令掌握 | 新命令的运用 | | | | |
| | 完成效果 | 设置的准确性 | | | | |
| | 综合评价 | | | | | |

【知识链接】

AutoCAD2014 中的坐标包括世界坐标系统（WCS）和用户坐标系统（UCS），世界坐标系统是 AutoCAD 的基本坐标系统，启动该软件时将自动地采用。在默认的二维空间中，与数学中常用的坐标系一样，水平的是 X 轴，竖直的是 Y 轴，它们的交点为原点，坐标值为（0，0），在 AutoCAD 中原点处有一个"□"标记，如图 1-10 所示。

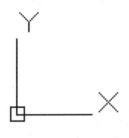

图 1-10　坐标系原点

当熟练掌握 AutoCAD 的绘图方法后，可以根据需要设定用户坐标系统，在用户坐标系统中 X、Y、Z 轴依然互相垂直，但是原点可以移动，坐标轴可以旋转，在位置和方向上都更加灵活。

AutoCAD 可以通过坐标准确地确定点的位置，绘图时通常使用绝对坐标或相对坐标。绝对坐标就是相对于坐标原点的坐标值，绘图时确定点的坐标很难，绝对坐标有很大的局限性。大多数的点是根据与其他的点相对的位置来确定，相对坐标使用起来会灵活很多，相对坐标可以采用相对直角坐标，也可以采用相对极坐标。比如图 1-11 中 B 点相对于 A 点的坐标差，用相对直角坐标表示为（@3，3）；C 点距离 A 点 5 个单位，与水平方向夹角 30°，可以用相对极坐标表示为（@5<30）。

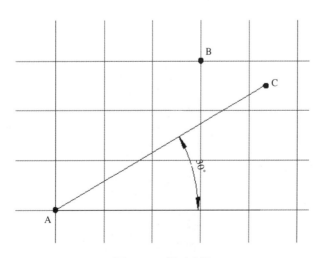

图 1-11　相对坐标

# 任务 2　设置图层与线型

## 【任务描述】

　　图层是 AutoCAD 用来对图形内容分类管理和综合控制的一个重要工具，通常我们在不同的图层上绘制不同的内容。正式开始绘图前应创建好图层，创建图层主要包括设置图层名称、设置图层颜色、设置图层的线型与线宽等。

## 【学习支持】

　　手工绘图时所有的图纸内容如图线、文字、尺寸标注等都是直接画在同一张图纸上，当图纸比较复杂时，密密麻麻的图线、文字挤在一起，要修改起来非常不方便。利用 AutoCAD 画图则可以使用不同的图层去绘制不同的内容，我们可以把每个图层想象成为一张透明的纸，有几个图层就可以认为是有几张透明的纸叠放在一起，每个图层上分别绘制不同类别的对象，叠起来就能看到完整的图形。

　　图层特性管理器用于新建图层以及对图层进行管理。如图 1-12 点击下拉菜单格式→图层，或直接键入快捷键"LA"，也可以直接单击图层特性管理器按钮 ，屏幕上会弹出"图层管理器"对话框，如图 1-13。在对话框中我们可以看到现在只有一个图层，这是新建图形时默认的一个图层，名称为"0"层，颜色是白色（或是黑色），线型是"continuous"，还包含了图层其他的一些信息。

图 1-12　图层菜单

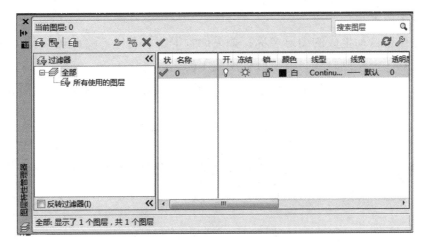

图 1-13    图层管理器对话框

只用一个图层画图显示不出 AutoCAD 的优越性，通常我们都会添加几个不同的图层方便自己画图。设置图层的时候不同的人有不同的习惯，一般来说图纸复杂图层就多些，图纸内容比较简单图层就可以精简一些。复杂的可以按构件类型来分，建立的图层可以是轴线、墙、柱、窗户、门、家具、标注、文字等，简单一点就可以按照不同的线型、线宽来分，一般复杂的图形这样区分已经够用了。

【学习提示】

1. 新建的图形中一定会有一个名称为"0"的图层，尽量不在这个图层上绘图，一般在定义图块时我们在这个图层上进行。

2. 在绘图过程中一般在标注尺寸时，AutoCAD 会自动生成一个名称为 Defpoints 的图层，这个图层中的内容能显示出来但是不会被打印出来，可以利用这个图层绘制辅助线。

【任务实施】

### 1. 新建图层

键入快捷键"LA"，或者直接单击图层特性管理器按钮，屏幕上会弹出如图 1-12 所示的"图层管理器"对话框，单击新建图层按钮，对话框中马上会出现一个新的图层名称为"图层 1"，继续单击新建图层按钮，还会出现更多的新图层，如图 1-14 所示。

| 状 | 名称 | 开. | 冻结 | 锁... | 颜色 | 线型 | 线宽 |
|---|---|---|---|---|---|---|---|
| ✓ | 0 | ♀ | ☼ | 🔓 | ■ 白 | Continuous | —— 默认 |
| | 图层1 | ♀ | ☼ | 🔓 | ■ 白 | Continuous | —— 默认 |
| | 图层2 | ♀ | ☼ | 🔓 | ■ 白 | Continuous | —— 默认 |
| | 图层3 | ♀ | ☼ | 🔓 | ■ 白 | Continuous | —— 默认 |

图 1-14    新建图层

### 2. 更改图层名称

你可以保留自动生成的图层名称，如果你觉得这些名称不够直观，可以进行修改，比如想在图层1上绘制轴线，就可以把图层1的名称直接改为"轴线"。点击图层1使它变成蓝色，再点击图层名称就可以在文本框中输入新的图层名称如图1-15所示。

| 状 | 名称 | 开. | 冻结 | 锁... | 颜色 | 线型 | 线宽 | 透明度 | 打印... | 打. |
|---|---|---|---|---|---|---|---|---|---|---|
| ▱ | 0 | ♀ | ☼ | 🔓 | ■ 白 | Continuous | —— 默认 | 0 | Color_7 | 🖨 |
| ✓ | 轴线 | ♀ | ☼ | 🔓 | ■ 白 | Continuous | —— 默认 | 0 | Color_7 | 🖨 |
| ▱ | 图层2 | ♀ | ☼ | 🔓 | ■ 白 | Continuous | —— 默认 | 0 | Color_7 | 🖨 |
| ▱ | 图层3 | ♀ | ☼ | 🔓 | ■ 白 | Continuous | —— 默认 | 0 | Color_7 | 🖨 |

图 1-15　更改图层名称

### 3. 设置图层颜色

设置图层的不同颜色对于绘图来说非常有利，当图形比较复杂时它可以区分出不同的构件，也可以用来区分不同的线宽。新建的图层默认的颜色都是白色，可以根据绘图习惯加以修改，一般不同的图层就选用不同的颜色加以区分。

单击"轴线"图层的颜色，会弹出如图1-16的"选择颜色"对话框。

1-16　选择颜色对话框

选择"红色"为本图层的颜色，如图1-17所示。

图 1-17　更改图层颜色

### 4. 设置图层线型

目前"轴线"这个图层的线型是实线（Continuous），根据制图规范应该采用点划线，点击该图层的线型，会弹出"选择线型"对话框如图 1-18 所示。

图 1-18　选择线型对话框

在这个对话框中可以看到只加载了 Continuous 这一种线型，单击"加载"按钮，会弹出一个新的对话框"加载或重载线型"如图 1-19 所示，点选适用的线型加入到线型库中，再选定本图层需要适用的线型，确定即可。

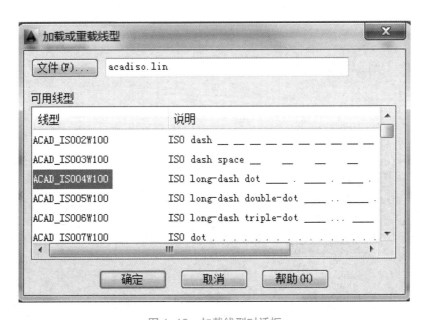

图 1-19　加载线型对话框

目前"轴线"这个图层的线型是实线（Continuous），根据制图规范应该采用点划线，点击该图层的线型，会弹出"选择线型"对话框如图 1-20 所示。

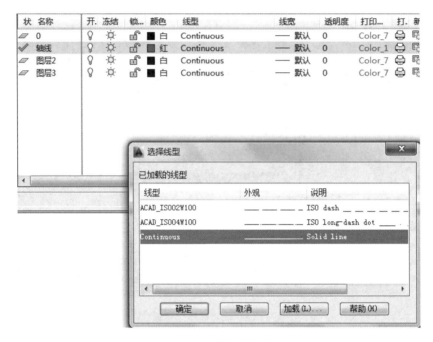

图 1-20　选择线型对话框

在这个对话框中可以看到只加载了 Continuous 这一种线型，单击"加载"按钮，会弹出一个新的对话框"加载或重载线型"如图 1-21 所示，点选适用的线型加入到线型库中。

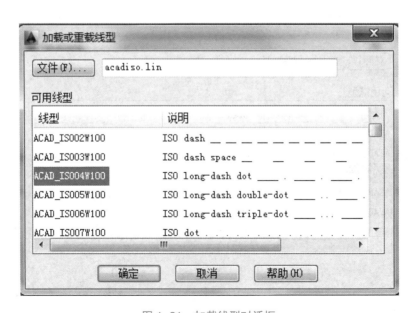

图 1-21　加载线型对话框

再选定本图层需要适用的线型，点击"确定"即可。

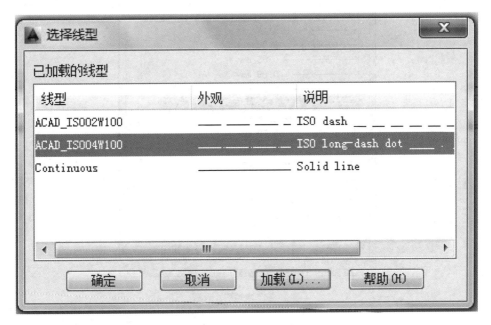

图 1-22 选择线型对话框

此时，"轴线"图层的线型已经改变成为我们选择的"ACAD-ISO04W100"，如图 1-23。

| 状 | 名称 | 开. | 冻结 | 锁... | 颜色 | 线型 | 线宽 |
|---|---|---|---|---|---|---|---|
| ◿ | 0 | ♀ | ☼ | 🔓 | ■白 | Continuous | —— 默认 |
| ✔ | 轴线 | ♀ | ☼ | 🔓 | ■红 | ACAD_ISO04W100 | —— 默认 |
| ◿ | 图层2 | ♀ | ☼ | 🔓 | ■白 | Continuous | —— 默认 |
| ◿ | 图层3 | ♀ | ☼ | 🔓 | ■白 | Continuous | —— 默认 |

图 1-23 改变线型

### 5. 设置图层线宽

一张图纸是否好看、是否清晰，重要的因素之一就是是否层次分明，一张图纸粗、中、细线运用必须规范。

新建图层当中所有的线宽都是默认值，需要进行修改。如要将"轴线"图层的线宽设置为 0.15mm，只需要单击该图层的线宽，弹出"线宽"对话框如图 1-24 所示，直接点选 0.15mm 再点击"确认"就完成了。

图 1-24　线宽对话框

此时"轴线"图层的线宽就已被修改为 0.15mm，如图 1-25 所示。

| | 0 | | | | 白 | Continuous | —— 默认 |
|---|---|---|---|---|---|---|---|
| | 轴线 | ♀ | ☼ | 🔓 | 红 | ACAD_ISO04W100 | —— 0.15 毫米 |
| | 图层2 | ♀ | ☼ | 🔓 | 白 | Continuous | —— 默认 |
| | 图层3 | ♀ | ☼ | 🔓 | 白 | Continuous | —— 默认 |

图 1-25　修改线宽

【技能训练】

按照图 1-26 中的要求新建并设定各图层。

| 状 | 名称 | 开. | 冻结 | 锁... | 颜色 | 线型 | 线宽 |
|---|---|---|---|---|---|---|---|
| | 0 | ♀ | ☼ | 🔓 | 白 | Continuous | —— 默认 |
| | 粗实线 | ♀ | ☼ | 🔓 | 绿 | Continuous | ━━ 0.50 毫米 |
| | 点划线 | ♀ | ☼ | 🔓 | 红 | ACAD_ISO04W100 | —— 0.13 毫米 |
| | 细实线 | ♀ | ☼ | 🔓 | 白 | Continuous | —— 0.13 毫米 |
| | 虚线 | ♀ | ☼ | 🔓 | 黄 | Continuous | —— 0.25 毫米 |
| | 中粗线 | ♀ | ☼ | 🔓 | 洋... | Continuous | ━━ 0.35 毫米 |
| ✓ | 中实线 | ♀ | ☼ | 🔓 | 青 | Continuous | —— 0.25 毫米 |

图 1-26　图层练习

## 【评价】

| 评价内容 | | | 评价 | | | |
|---|---|---|---|---|---|---|
| | | | 很好 | 较好 | 一般 | 还需努力 |
| 学生自评 (40%) | 掌握操作方法 | 新建图层 | | | | |
| | | 更改图层名称、颜色 | | | | |
| | | 加载线型并更改线型 | | | | |
| | | 设置线宽 | | | | |
| | 绘图速度 | 按时完成任务及练习 | | | | |
| 组间互评 (20%) | 整组完成效果 | 任务及练习的完成质量 | | | | |
| | | 任务及练习的完成速度 | | | | |
| | 小组协作 | 组员间的相互帮助 | | | | |
| 教师评价 (40%) | 制图基础 | 线型有关规定 | | | | |
| | 命令掌握 | 新命令的运用 | | | | |
| | 完成效果 | 设置的准确性 | | | | |
| 综合评价 | | | | | | |

## 【知识链接】

1. 图层的特性可以单独设置，"图层管理器"对话框中的小灯泡♀控制的是图层的打开或者关闭。灯泡黄色代表图层处于打开的状态，这时该图层上的图形是可以显示的，灯泡变成灰色则代表图层处于关闭的状态，该图层上的图形不显示也不能打印。小太阳☀表示图层处于解冻状态，该图层上的图形是可以显示、可以编辑、可以打印的，当小太阳☀变成小雪花❄，则表示图层被冻结，冻结图层后不仅使该图层上的图形不可见，不能在该层上绘制新的图形对象，也不能编辑和修改。🔓表示该图层处于解锁状态，可以绘图可以编辑，🔒则表示该图层处于锁定状态，该图层上的图形可以显示，可以绘制新的图形，但不能对原有的图形进行编辑修改，把不要修改层全锁定，就不用担心错误地改动某些图形。

2. 国家房屋建筑制图对线型的有关规定（表 1-1、表 1-2）

图框线、标题栏线的宽度      表 1-1

| 幅面代号 | 图框线 | 标题栏外框线 | 标题栏分格线 |
|---|---|---|---|
| A0、A1 | $b$ | $0.5b$ | $0.25b$ |
| A2、A3、A4 | $b$ | $0.7b$ | $0.35b$ |

表 1-2

| 名称 | | 线型 | 线宽 | 一般用途 |
|---|---|---|---|---|
| 实线 | 粗 | ———————— | $b$ | 主要可见轮廓线 |
| | 中粗 | ———————— | $0.7b$ | 可见轮廓线 |
| | 中 | ———————— | $0.5b$ | 可见轮廓线、尺寸线、变更云线 |
| | 细 | ———————— | $0.25b$ | 图例填充线、家具线 |
| 虚线 | 粗 | — — — — — | $b$ | 见各有关专业制图标准 |
| | 中粗 | — — — — — | $0.7b$ | 不可见轮廓线 |
| | 中 | — — — — — | $0.5b$ | 不可见轮廓线、图例线 |
| | 细 | — — — — — | $0.25b$ | 图例填充线、家具线 |
| 单点长画线 | 粗 | —·—·—·— | $b$ | 见各有关专业制图标准 |
| | 中 | —·—·—·— | $0.5b$ | 见各有关专业制图标准 |
| | 细 | —·—·—·— | $0.25b$ | 中心线、对称线、轴线等 |
| 双点长画线 | 粗 | —··—··— | $b$ | 见各有关专业制图标准 |
| | 中 | —··—··— | $0.5b$ | 见各有关专业制图标准 |
| | 细 | —··—··— | $0.25b$ | 假想轮廓线、成型前原始轮廓线 |
| 折断线 | 细 | ——∿—— | $0.25b$ | 断开界线 |
| 波浪线 | 细 | ～～～～ | $0.25b$ | 断开界线 |

# 任务3 绘制图框与标题栏并保存

【任务描述】

　　绘图前需要选定图纸幅面的大小，绘制图纸边线和图框线，根据各个设计单位的习惯绘制标题栏并注写标题栏内的文字。

【学习支持】

**1. 绘制直线段**

（1）功能

绘制直线。

（2）执行方式

在命令行键入"L"，或单击绘图工具栏按钮，或点击下拉菜单"绘图"→"直线"。

（3）操作格式

命令：L（LINE）↙

指定第一个点：

指定下一个点或 [ 放弃（u）]：

【学习提示】

（1）F8 键是正交模式的开关键。当绘制的直线段与 X 轴或者 Y 轴平行时，按 F8 键或单击状态栏中正交模式按钮■进入正交模式，此时光标只能沿着 X 轴或者 Y 轴的方向移动。如图 1-27，要以 A 为起点向右画一条任一长度的水平线段，键入"L"或者单击╱，用鼠标左键点选绘图区内任一位置为 A 点，向右边拖动鼠标，再在绘图区用鼠标左键点选确定直线的另一点，这样一条直线绘制完成，如果接下去不再画直线，可以按一下键盘的 ESC 键结束当前命令。

图 1-27　绘制水平直线

（2）如果要绘制的直线段有长度要求，比如要求绘制一条长度是 30 的竖直线段，键入"L"或者单击╱，在绘图区用鼠标左键确认直线段起点，向上拖动鼠标，用键盘输入 30，按回车键或者空格键，就得到长度为 30 的竖直直线段。

（3）当绘制的直线段不平行于 X 轴或者 Y 轴，可以按 F8 键或单击■退出正交模式。此时可以通过输入直线段的长度和角度来确定直线角度，如要画一条长 50 且与水平方向夹角为 45°的线段，可以在绘图区用鼠标确认线段的起点，然后输入 @50<45，就得到长度为 50 并且和水平方向成 45°的直线了，这种确定点的位置的方法我们称之为"相对极坐标"，在 @ 后面输入的数字表示的是相对于前一个点的距离，< 后面输入的数字表示的是与 X 轴的夹角。更简单的，可以按 F12 键或单击状态栏中动态输入按钮■，进入动态输入状态，利用鼠标拖动至需要的角度，输入距离，确认即可完成线段的绘制。

**2. 偏移（OFFSET）**

（1）功能

创建原始图形对象的等距线。

（2）执行方式

在命令行键入"O"，或单击绘图工具栏按钮■，或点击下拉菜单"修改"→"偏移"。

（3）操作格式

命令：O（OFFSET）↙

当前设置：删除源 = 否图层 = 源 OFFSETGAPTYPE=0

指定偏移距离或 [ 通过（T）删除（E）图层（L)]< 通过 >：

选择要偏移的对象，或 [ 退出（E）/ 放弃（U)]< 退出 >：

指定要偏移的那一侧上的点，或 [ 退出（E）/ 多个（M）/ 放弃（U)]< 退出 >：

（4）选项说明

◆　偏移距离：指定偏移的距离。

◆　通过（T）：指定偏移经过的点。

◆　删除（E）：指定偏移后是否删除原图形。

◆　图层（L)：指定偏移产生的图形是在当前的图层上还是在原来图形所在的图层上。

【学习提示】

（1）建筑图中的轴线、墙线、窗线等等平行的线条，用偏移命令可以很方便快捷地完成。如要绘制如图 1-28 中两条距离为 10 的平行线段，可以先绘制下面那条水平线段，然后键入快捷键"O"或者单击编辑工具栏中偏移按钮，在命令提示区中输入两条线段间的距离 10，再用鼠标左键点选已经画好的那条线段，被选中的图线会变虚，把鼠标向上拖动到上方任一位置确认偏移的方向，第二条线段就偏移完成，选择目标时只能用点选。

图 1-28　直线偏移

（2）偏移命令不仅可以用来绘制平行直线，还可以绘制同心圆、同心圆弧等其他等距线，如图 1-29 中所示，偏移后原来的图形保持形状尺寸不变。文字、图块等不能被偏移。

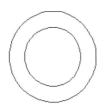 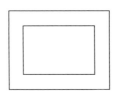 

图 1-29　偏移命令

### 3. 修剪

（1）功能

将修剪对象沿选定的边界断开并将超出边界的部分删除。

（2）执行方式

在命令行键入"TR"，或单击绘图工具栏按钮 ⊸，或点击下拉菜单"修改"→"修剪"。

（3）操作格式

命令：TR（TRIM）↙

当前设置：投影 =UCS，边 = 延伸

选择剪切边…

选择对象或 < 全部选择 >：

选择对象：

选择要修剪的对象，或按住 shift 键选择要延伸的对象，或 [ 栏选（F）窗交（C）投影（P）边（E）删除（R）放弃（U）]。

【学习提示】

（1）手工绘图时，线与线的连接都是用肉眼来观察控制，用 AutoCAD 画图时，线的长度不需要拘泥，因为利用修剪或延伸等命令可以很方便地进行长度的修改，而且修改后的线条可以精准连接。

（2）先选择修剪的边界，再选择要修剪的目标。键入快捷键"TR"或者单击编辑工具栏中修剪按钮 ⊸，命令提示区会出现提示"选择剪切边"，就是需要确定修剪的边界，此时线段 CD 就是修剪的边界，用鼠标左键点选线段 CD，如图 1-30（a）所示，如果还有其他修剪边界可以继续选取，如果没有按空格或回车键，命令提示区会出现新的提示"选择要修剪的对象"，将光标移至线段 AB 要剪掉的 B 端，如图 1-30（b）所示，按鼠标左键点击 B 端，线段 AB 就修剪完成，如图 1-30（c）所示。

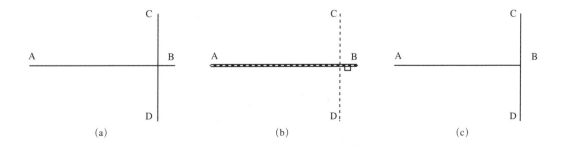

图 1-30　修剪命令示例

（a）选择修剪边界；（b）选择修剪对象；（c）完成修剪

（4）当需要一次修剪若干条线段，一条一条地剪就太麻烦了。在选择修剪对象时，可以键入"F"（栏选），然后用鼠标从右向左如图 1-31（a）中从点 1 拖动到点 2，按空格或回车键，4 条线段能同时完成修剪，如图 1-31（b）所示。

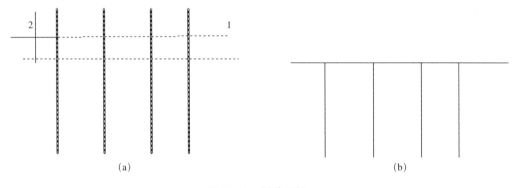

图 1-31　栏选目标
(a) 栏选对象；(b) 完成修剪

（5）如果两条线没有相交，如图 1-32（a）所示，如果想要以线段 CD 为边界修剪线段 AB，缺省的修剪命令不能执行。在选择修剪对象时先键入"E"（边），命令提示区会出现提示要求确定是否启用延伸模式，此时键入"E"表示选择与边界延长相交也可以修剪，再选择要修剪的部分如图 1-32（b）所示，即可完成修剪如图 1-32（c）所示。

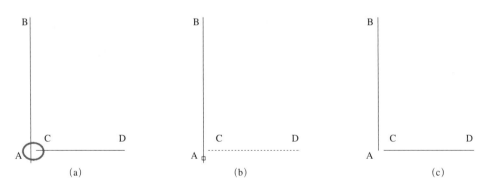

图 1-32　修剪命令延伸模式
(a) 线段不相交；(b) 选择目标；(c) 修剪完成

（6）如图 1-33（a）中的线段 AB 希望能和线段 CD 延长相交，可以利用延伸命令也可以利用修剪命令完成。键入快捷键"EX"或者单击编辑工具栏中修剪按钮 ，根据命令提示区出现的提示，先选择延长的边界如图 1-32（b）所示，再选择要延长的线段 B 端，就可以得到如图 1-33（c）的结果。或者利用修剪命令，在选择线段 AB 时按住 shift 键，可以达到一样的效果。

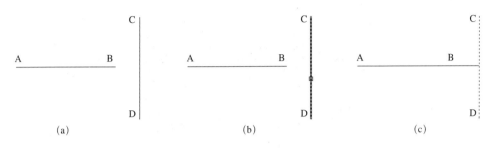

(a)　　　　　　　　　(b)　　　　　　　　　(c)

图 1-33　延伸命令示例

(a) 原图；(b) 选择边界；(c) 延长线段

### 4.更改对象的图层

绘图的时候发现图形目标不在希望预设的图层上时，可以非常容易进行修改。先用鼠标左键选中需要更改图层的目标，点击图层工具栏中的下拉箭头使所有的图层都显示出来，然后再点击选中的目标希望在的那个图层，如图 1-34 所示，然后按下 Esc 键完成。

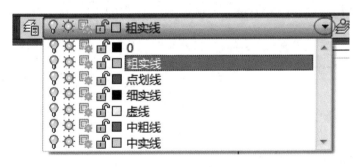

图 1-34　更改图层

### 5.设置文字样式

文字是图纸内容的重要组成部分，标题栏、工程概况、图纸名称等都需要用文字加以说明，由于材质等信息无法用图线清晰表达，装饰施工图比一般的建筑施工图需要更多的文字注释。AutoCAD 有很多的文字样式可供选择，应根据国家制图统一标准选择适当的字体。

在命令行键入"ST"，或单击样式工具栏按钮，或点击菜单"格式"→"文字样式"，弹出"文字样式"管理器。单击"新建"按钮，出现"新建文字样式"选项卡，输入文字样式的名称"汉字"，点击确定。如图 1-35 所示。

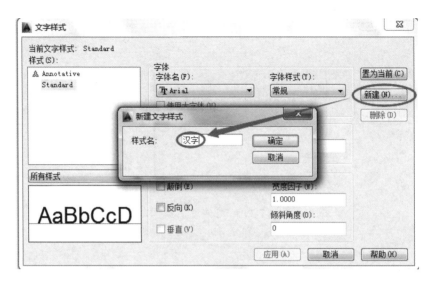

图 1-35  新建文字样式

　　再在"字体名"下拉选项栏中选择字体为"仿宋","宽度因子"设为"0.7",点击应用,如图 1-36 所示。

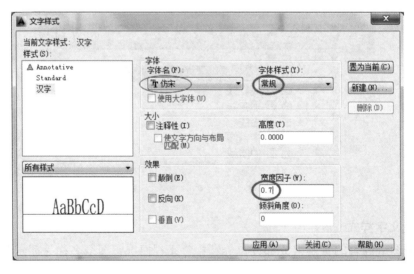

图 1-36  文字注释样式设置

【学习提示】

　　宽度因子用来控制字体的宽度和高度的比例,宽度因子大于 1 时,字体会变宽,小于 1 时,字体则会变窄。高度如果设置为 0,使用 TEXT 命令注写文字时,AutoCAD 每次都会询问当前输入文字的高度,如果字体高度设定为固定值,AutoCAD 就会自动按照指定的高度注写文字。字体样式够用就行,尽量简单,以免造成 AutoCAD 文件过大影响运行速度。

### 6. 单行文字

（1）功能

创建单行文字对象。

（2）执行方式

在命令行键入"DT"，或单击文字工具栏按钮 **A**，或点击下拉菜单"绘图"→"文字"→"单行文字"。

（3）操作格式

命令：DT（DTEXT）↙

当前文字样式："Standard"，文字高度：3.5000，注释性：否，对正：左

指定文字的起点或 [ 对正（J）样式（S）]：

指定高度 < 缺省值 >：

指定文字的旋转角度 < 缺省值 >：

【学习提示】

（1）AutoCAD 提供单行文字（DT）和多行文字（MT）两个命令用于注写文字，简单的文字输入通常使用单行文字，用鼠标确定文字的起点可以连续在不同的位置注写文字，非常方便。

（2）如果当前文字样式的高度设置为 0，命令提示区将显示"指定高度："提示信息要求指定文字高度，而且默认前一次使用的高度为缺省值。如果在设定文字样式时已经指定了字体的高度，则使用"文字样式"对话框中设置的文字高度。

（3）文字旋转角度是指文字行排列方向与水平线的夹角，默认角度为 0°，如有需要可在此时输入文字的倾斜角度。

（4）单行文字命令默认以第一个文字的左下角为一行文字的起点，如有特殊的对齐需要，可以在"指定文字的起点或 [ 对正（J）/ 样式（S）]："提示信息后输入 J，可以设置文字的排列方式。可以根据需要在下面的提示中选择合适的对正方式：输入对正选项 [ 左（L）/ 对齐（A）/ 调整（F）/ 中心（C）/ 中间（M）/ 右（R）/ 左上（TL）/ 中上（TC）/ 右上（TR）/ 左中（ML）/ 正中（MC）/ 右中（MR）/ 左下（BL）/ 中下（BC）/ 右下（BR）]< 左上（TL）>：

（5）AutoCAD 以设定文字样式时置为当前的文字样式为默认的文字样式，在"指定文字的起点或 [ 对正（J）/ 样式（S）]："提示下输入 S，可以选择使用的文字样式。可以直接输入文字样式的名称，也可输入"？"，要求列出所有的文字样式以供选择。

### 7. 保存文件

工程图纸文件应与工程图纸一一对应，为了方便识别和查找，通常使用工程名称、专业类别、图纸内容等有关的文字、字母、数字及符号进行命名。

如果想要对图形进行赋名存盘，单击快速访问工具栏按钮，或点击下拉菜单"文件"→"另存为"，或者利用快捷键"Ctrl"+"Shift"+"S"，弹出如图 1-37 所示的"图形另存为"对话框。

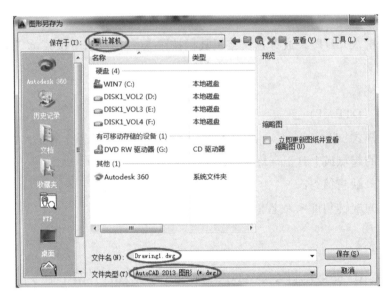

图 1-37　图形另存为对话框

根据需要指定图形文件要保存的位置、文件名和文件类型，单击"保存"按钮就可以保存图形文件。

为了避免电源故障或者其他的一些误操作，用 AutoCAD 画图时应定时存盘。单击快速访问或者标准工具栏按钮，或点击下拉菜单"文件"→"保存"，或者利用快捷键"CTRL"+"S"，就可以快速将文件按原路径和文件名存盘。

**8. 拉伸**

（1）功能

将选定的对象进行拉伸或移动但不改变没有选定的部分。

（2）执行方式

在命令行键入"S"，或单击文字工具栏按钮，或点击下拉菜单"修改"→"拉伸"。

（3）操作格式

命令：S（STRETCH）↙

以交叉窗口或交叉多边形选择要拉伸的对象…

选择对象：

指定对角点：

指定基点或 [ 位移（D）]：

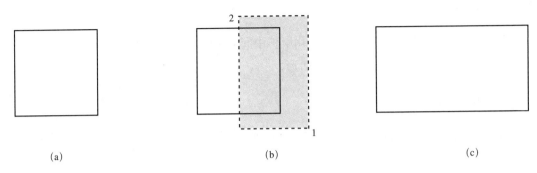

图 1-38　拉伸命令示例
(a) 正方形；(b) 交叉窗口选择目标；(c) 拉伸效果

【学习提示】

（1）使用拉伸命令能使图形对象一部分移动而同时保持与图形其他部分的连接，选择拉伸的对象时必须用交叉窗口选择，如图 1-38（a）中的正方形，只有被如图 1-38（b）中的交叉窗口选中的图形端点向右移动，其他的端点保持在原来的位置上，如图 1-38（c）。完全被交叉窗口包围住的图形对象将发生整体的移动。

（2）圆、椭圆、图块等图形对象无法用拉伸命令改变形状。

**9. 放弃（UNDO）**

画图过程中难免会有画错的时候，想改正错误可以利用"放弃"命令撤销前一步命令，操作非常简单，只需键入"U"或者单击快速访问工具栏按钮，就可以一步一步向前取消执行过的命令。

**10. 视图缩放（ZOOM）**

当建筑图、装饰图内容复杂的时候，显示器的范围很小，没办法看清楚图纸的细部，绘图和修改都很难准确进行，这时就需要用到视图缩放。

（1）执行方式

在命令行键入"Z"，或单击标准工具栏按钮或，或点击下拉菜单"视图"→"缩放"→下一级选项。

（2）选项说明

◆　全部（A）：显示整个图形。

◆　中心（C）：以指定点为圆心，按输入放大的倍数显示图形。

◆　动态（D）：出现动态拖动窗口，确定后显示窗口内图形。

◆　范围（E）：全部图形最大限度显示。

◆　上一个（P）：按前一次显示的大小进行缩放显示。

◆　比例（S）：按指定的比例因子缩放显示。

◆　窗口（W）：指定一个窗口，最大程度显示窗口内的图形。

【学习提示】

1. 最简单快捷的缩放方式，就是利用鼠标中间的滚轮，向前滚是放大向后滚就是缩小。
2. 双击鼠标滚轮，可以显示全部图形。

【任务实施】

要绘制完成的 A4 图纸图框及标题栏如图 1-39 所示。

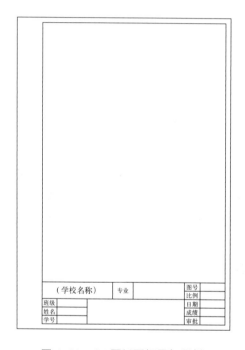

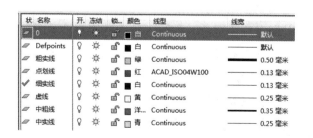

图 1-39　A4 图纸图框及标题栏

1. 双击 打开 AutoCAD2014，单击 新建一个图形文件。
2. 设置图层与线型

按照任务 2 介绍的步骤与方法，设置图层、线型及线宽，如图 1-40 所示，并指定"细实线"层为当前层。

| 状 | 名称 | 开. | 冻结 | 锁... | 颜色 | 线型 | 线宽 |
|---|---|---|---|---|---|---|---|
| | 0 | | | | 白 | Continuous | 默认 |
| | Defpoints | | | | 白 | Continuous | 默认 |
| | 粗实线 | | | | 绿 | Continuous | 0.50 毫米 |
| | 点划线 | | | | 红 | ACAD_ISO04W100 | 0.13 毫米 |
| ✓ | 细实线 | | | | 白 | Continuous | 0.13 毫米 |
| | 虚线 | | | | 黄 | Continuous | 0.25 毫米 |
| | 中粗线 | | | | 洋... | Continuous | 0.35 毫米 |
| | 中实线 | | | | 青 | Continuous | 0.25 毫米 |

图 1-40　图层及线型要求

### 3. 绘制图纸幅面线

键入"L"或单击直线按钮 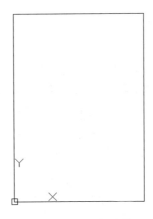，输入直线的第一个点坐标为（0，0），按F8打开正交，将光标向右边拖动，输入"210"，向上拖动光标，输入"297"，再向左拖动光标，输入"210"，最后键入"C"，完成幅面线的4条线段，如图1-41所示。

图 1-41　图纸幅面线

### 4. 将图纸幅面线向内偏移

根据国家制图标准，A4图纸装订边图框线距离幅面线25mm，其余3边图框线距离幅面线5mm。键入"O"或者单击偏移按钮，输入偏移的距离"5"，分别选择上、下、右3个边的图纸幅面线向内偏移，再输入偏移距离"25"，选择左边图纸幅面线向内偏移。得到的图形如图1-42所示。

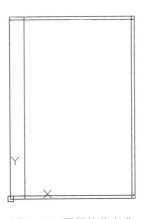

图 1-42　图框偏移完成

### 5. 修剪图框线

键入"TR"，或单击绘图工具栏按钮，选择4条图框线为修剪的边界，如图1-43（a）所示，再选择需要修剪掉的多余部分的图线，此时可以用鼠标中间的滚轮放大图纸，方便修剪，如图 1-43（b）所示，完成后如图 1-43（c）所示。

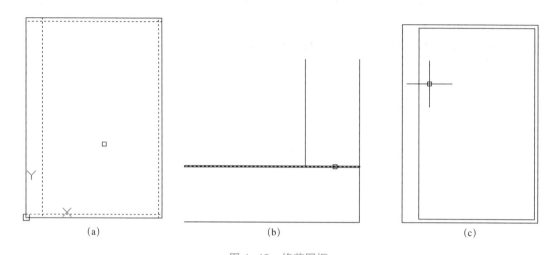

图 1-43　修剪图框

（a）选择修剪边界；（b）放大局部；（c）修剪完成

### 6. 更改图框线图层

偏移得到的图框线还是在"细实线"图层上，需要修改至"粗实线"图层。依次点选 4 条图框线，点击图层工具栏中的下拉箭头使所有的图层都显示出来，然后再点击"粗实线"图层，如图 1-44 所示，按下 Esc 键完成。

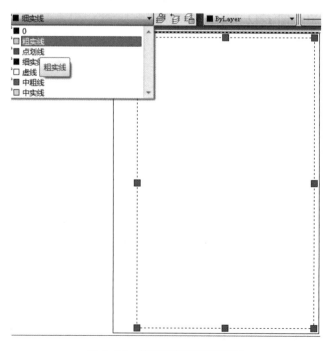

图 1-44　修改图框线所在图层

**7. 绘制标题栏**

按照图 1-45 所示标题栏的尺寸绘制标题栏外框线和分格线。

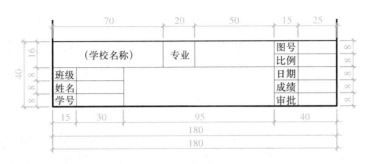

图 1-45 标题栏

键入"O"，或者单击偏移按钮，根据上图的尺寸将图纸下方的图框线向上偏移 40，右边的图框线向左偏移 25，如图 1-46（a）所示。

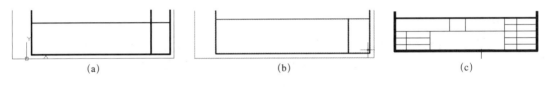

图 1-46 绘制标题栏

（a）偏移图框线；（b）修剪图框线；（c）改变图层

修剪掉太长的部分，如图 1-46（b）所示，再按照尺寸完成其余线段的偏移和修剪，并将这些线段修改至适当的图层，如图 1-46（c）所示。

**8. 设置文字样式并注写文字**

按图 1-35 所示设置名为"汉字"的文字样式。

键入"DT"，用光标选定文字的起点，输入字高 5mm，默认旋转角度为 0，选择熟悉的汉字输入法输入"（学校名称）"。重复"DT"，确定起点，输入字高 3.5mm，默认 0 度，输入"专业"，然后重复确定文字起点和输入文字，可以完成所有文字的输入，如图 1-47 所示。

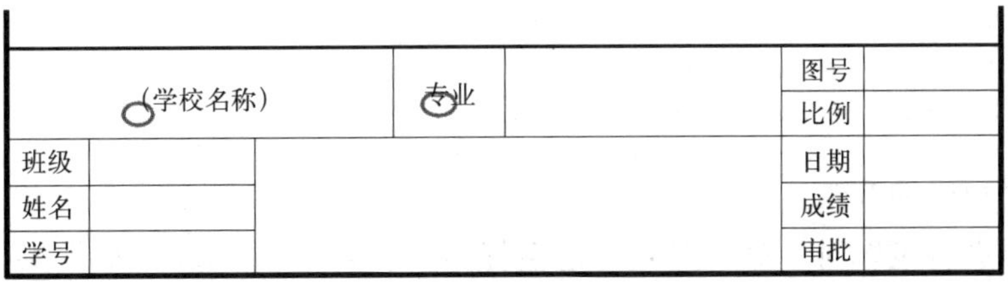

| （学校名称） | 专业 | | 图号 | |
| | | | 比例 | |
| 班级 | | | 日期 | |
| 姓名 | | | 成绩 | |
| 学号 | | | 审批 | |

图 1-47 注写标题栏文字

### 9. 图形文件存盘

完成的图纸以"A4"为文件名，存放在指定的磁盘。

【技能训练】

试试独立完成一张横式 A3 图纸的图框和标题栏，并以"A3"为文件名存盘（想一想：怎样可以利用拉伸命令将立式的 A4 图纸进行简单的修改得到）。

【评价】

| 评价内容 | | | 评价 | | | |
|---|---|---|---|---|---|---|
| | | | 很好 | 较好 | 一般 | 还需努力 |
| 学生自评 (40%) | 运用已学知识 | 新建图形文件 | | | | |
| | | 设置图层、线型 | | | | |
| | 掌握新功能操作 | 绘制直线 | | | | |
| | | 偏移命令 | | | | |
| | | 修剪命令 | | | | |
| | | 设置文字样式 | | | | |
| | | 注写文字 | | | | |
| | | 修改图形所在的图层 | | | | |
| | | 文件存盘 | | | | |
| | 绘图速度 | 按时完成任务及练习 | | | | |
| 小组互评 (20%) | 整组完成效果 | 任务及练习的完成质量 | | | | |
| | | 任务及练习的完成速度 | | | | |
| | 小组协作 | 组员间的相互帮助 | | | | |
| 教师评价 (40%) | 制图基础 | 制图标准有关规定 | | | | |
| | 命令掌握 | 已学命令的运用 | | | | |
| | | 新命令的运用 | | | | |
| | 完成效果 | 图形的准确性 | | | | |
| 综合评价 | | | | | | |

【知识链接】

### 1. 选择目标的方式

对图形进行编辑时，命令提示区总会提示选择对象。AutoCAD 提供了非常多的方式用以选择图形元素，常用的有：

（1）直接点选：用鼠标直接点击要选择的单一图形对象，每次点击只能选中一个图形对象，可连续点击，选择多个对象。

（2）窗口选择：从左到右指定两个角点形成选择窗口，完全属于窗口内的图形对象将被选中。

（3）交叉窗口选择：从右到左指定两个角点形成选择窗口，完全属于窗口内的图形以及与窗口边界相交的对象都将被选中。

（4）栏选（F）：键入 F，与栏选点围成的选择框相交的图形对象将被选中。

（5）全部（ALL）：键入 ALL，将选择所有图形对象。

（6）前一个（P）：前一次选择的所有图形对象。

**2. 国家房屋建筑制图统一标准对文字的有关规定**

（1）文字的字高应从表 1-3 中选用：

表 1–3

| 字体种类 | 中文矢量字体 | TRUETYPE 字体及非中文矢量字体 |
|---|---|---|
| 字高 | 3.5、5、7、10、14、20 | 3、4、6、8、14、20 |

（2）图样及说明中的汉字，宜采用长仿宋体（矢量字体）或黑体，同一图纸字体种类不应超过两种。长仿宋字的宽度与高度的关系应符合下表的规定，黑体字的宽度与高度应相同。大标题、图册封面、地形图等的汉字，也可书写成其他字体，但应易于辨认（表 1-4）。

表 1–4

| 字高 | 20 | 14 | 10 | 7 | 5 | 3.5 |
|---|---|---|---|---|---|---|
| 字宽 | 14 | 10 | 7 | 5 | 3.5 | 2.5 |

（3）图样及说明中的拉丁字母、阿拉伯数字与罗马数字，宜采用单线简体或 ROMAN 字体。拉丁字母、阿拉伯数字与罗马数字的字高，不应小于 2.5mm。

# 项目 2
## 绘制基本图形

【项目概述】

　　本项目主要通过绘制洗脸盆、餐桌椅、茶几、地面拼花、梳妆台、双人床、卫生间建筑平面图等简单的家具、陈设等图形，来达到灵活使用 AutoCAD2014 软件中常用的绘图命令及修改命令的目的，为后面进一步学习用该软件绘制装饰工程图和建筑施工图做准备。

## 任务 1　绘制洗脸盆

【任务描述】

　　洗脸盆是卫生间中常用的洁具之一，它的种类、款式、造型非常丰富，主要可分为台上盆、台下盆、半嵌盆、挂盆、柱盆等，分有陶瓷、玻璃、不锈钢等多种材质。
　　本任务通过绘制一个常用陶瓷质感洗脸盆的平面图如图 2-1 所示，学习如何使用 AutoCAD2014 的矩形、圆形绘图命令和圆角、删除修改命令及对象追踪等常用辅助命令。

　　根据洗脸盆平面图的特点，可先用"直线"命令绘制对称线作为辅助线，然后通过偏移命令，按给出尺寸绘制出洗脸盆的平台，利用倒圆角命令修改平台形状，再用圆绘制洗脸盆、入水孔和出水孔，最后利用修剪和删除命令完成整个图形的绘制。

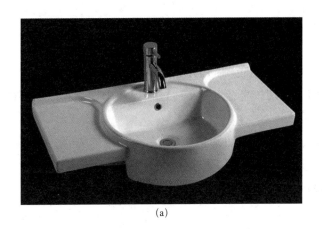

(a)

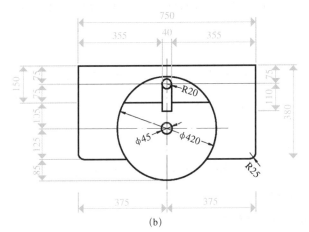

(b)

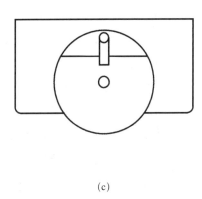

(c)

图 2-1　洗脸盆

(a) 效果图；(b) 平面尺寸；(c) 形状图

【学习支持】

**1. 圆命令**

(1) 功能

绘制圆。

(2) 执行方式

在命令行键入"C"，或单击绘图工具栏按钮 ⊘，或点击下拉菜单"绘图"→"圆"→相应选项。

(3) 操作格式

命令：C（CIRCLE）↙

指定圆的圆心或 [ 三点（3P）/ 两点（2P）/ 相切、相切、半径（T）]：（定位圆心，或输入选项）

指定圆的半径或 [ 直径（D）]：（键入半径，或键入"D"后键入直径）↙

（4）选项说明

◆ 两点（2P）：定位直径的两端点确定一个圆。

◆ 三点（3P）：定位圆周上任意三点确定一个圆。

◆ 相切、相切、半径（T）：通过捕捉两个切点和给出半径的方式，绘制与另两个图形对象相切的圆。

◆ 相切、相切、相切：通过捕捉三个切点的方式，绘制一个圆与另三个图形对象相切。此选项只适用于点击下拉菜单执行方式。

### 2. 圆角命令

（1）功能

使用一段指定半径的圆弧为两段圆弧、圆、椭圆弧、直线、多段线、射线、样条曲线或构造线导圆角。

（2）执行方式

在命令行键入"F"，或单击修改工具栏按钮▱，或点击下拉菜单"修改"→"圆角"。

（3）操作格式：

命令：F（FILLET）↙

当前设置：模式 = 修剪，半径 =0.0000

选择第一个对象或 [ 放弃（U）/ 多段线（P）/ 半径（R）/ 修剪（T）/ 多个（M）]：（选择需倒圆角的第一条线或输入选项）

选择第二个对象：（选择需要倒圆角的第二条线）

（4）选项说明：

◆ 放弃（U）：放弃在倒圆角命令中的上一个操作。

◆ 多段线（P）：对整个二维多段线倒角。对多段线每个顶点处的相关直线倒角。如果多段线包含的线段过短以至于无法容纳圆角弧，则不对这些线段倒角。

◆ 半径（R）：设置圆角弧的半径。

◆ 修剪（T）：控制 AutoCAD 是否将选定边修剪到圆角弧的切点。

◆ 多个（M）：连续给多个对象加倒角。AutoCAD 将重复显示主提示和"选择第二个对象"，直到用户按回车键结束命令。

### 3. 删除命令

（1）功能

删除选定的图形对象。

（2）执行方式

在命令行键入"E"，或单击修改工具栏按钮✐，或点击下拉菜单"修改"→"删除"，或选择要删除的图形对象，然后按键盘上的"Delete"键。

（3）操作格式

命令：E（ERASE）↙

选择对象：（选择要删除的图形对象）

选择对象：（继续选择要删除的图形对象，如已选完，则按空格或回车结束选择）↙

### 4. 对象捕捉功能

在绘图过程中，经常要指定一些对象上已有的点，如端点、圆心、交点、垂足等。可以通过单击菜单"工具"→"工具栏"→"AutoCAD"→"对象捕捉"命令，或在下方的状态栏右键单击▢按钮，点击"设置"，如图 2-2（a），弹出"草图设置——对象捕捉"选项卡，如图 2-2（b）。

图 2-2　对象捕捉

(a) 对象捕捉菜单；(b) 对象捕捉选项卡

通常情况下，"端点"、"中点"、"圆心"、"交点"都要勾选，使用频率较高。可根据自己的绘图需要设置，但不宜全选，导致捕捉点过多，容易出错。

鼠标左键点击▢按钮，或按"F3"可切换"开""关"，蓝色显示代表打开，灰色显示代表关闭。

### 【任务实施】

#### 1. 新建文件并设置绘图环境

新建图形文件，设置图形界限大小为 15000×12000，按图 1-26 图层练习要求设置图层。

#### 2. 绘制洗脸盆平台

（1）用直线命令绘制辅助线，如图 2-3 所示。

图 2-3　直线绘制水平和垂直辅助线

【学习提示】

检查"极轴追踪"辅助命令是否打开，若关闭，则无法正常追踪到水平和垂直方向。

（2）用偏移命令，将直线"1"向上偏移 255，向下偏移 125，将直线"2"向左右各偏移 375，得到洗脸盆外轮廓如图 2-4 所示。

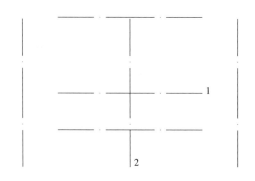

图 2-4　偏移垂直线

（3）单击鼠标左键向左框选上述偏移出来的四条轮廓线，如图 2-5（a），图 2-5（b）所示，再单击图层控制下拉菜单，点选粗实线图层，更改洗脸盆台轮廓所在图层，如图 2-5（c）所示。

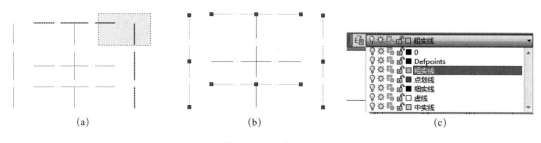

图 2-5　更改图层

（a）左框选对象；（b）被选直线显示蓝色夹点；（c）图层控制

（4）用圆角命令修改洗脸盆形状

◆ 以 0 为半径修改上边缘

命令：F✓

当前设置：模式 = 修剪，半径 =0.0000

选择第一个对象或 [ 放弃（U）/ 多段线（P）/ 半径（R）/ 修剪（T）/ 多个（M）]：（点击图 2-6（a）中线 "1"）

选择第二个对象或 [ 放弃（U）/ 多段线（P）/ 半径（R）/ 修剪（T）/ 多个（M）]：（点击图 2-6（a）中线 "3"）

◆ 以 25 为半径修改下边缘

按空格键重复圆角命令，在命令行中键入 "R"，空格或回车确认，输入半径值为 25，空格或回车确认，在命令行中键入 "M"，用鼠标先后图 2-6（a）中点击 "2" 和 "3"，"2" 和 "4"，将平台左右两边的圆角都画好，如图 2-6（b）所示。

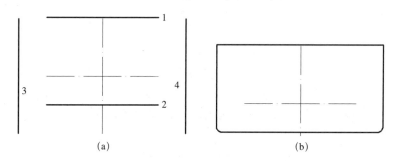

图 2-6　对平台进行圆角

(a) 圆角前；(b) 圆角后

### 3. 绘制圆形盥洗区和水龙头

（1）用圆命令绘制大圆和排水口，如图 2-7 所示。

命令：C✓

指定圆的圆心或 [ 三点（3P）/ 两点（2P）/ 切点、切点、半径（T）]：（点击图 2-7 中点 "O"）

指定圆的半径或 [ 直径（D）]：（键入 d）✓

指定圆的直径：（键入 420）✓

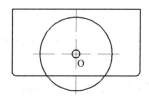

图 2-7　绘制大圆和出水口

（2）结合对象追踪功能绘制水龙头。

◆ 先用"圆"命令绘制水龙头圆形，如图 2-8。

命令行提示操作如下：

命令：C ↙

指定圆的圆心或 [ 三点（3P）/ 两点（2P）/ 切点、切点、半径（T）]：（十字光标放置在图 2-8（a）中点"1"约 1 秒后向下拖曳，键入 75）↙

指定圆的半径或 [ 直径（D）]<22.5000>：（键入 20）↙

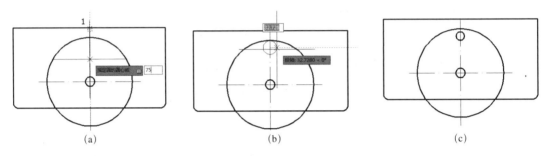

图 2-8　捕捉对象追踪绘制水龙头圆形

(a) 悬浮捕捉点"1"；(b) 向下追踪距离 75；(c) 完成圆形绘制

◆ 再用"直线"命令绘制出水龙头出水口，如图 2-9 所示。

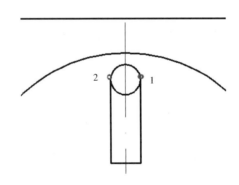

图 2-9　绘制水龙头出水口

【学习提示】

检查是否打开"对象捕捉"，若关闭，则无法捕捉到相应的点。要顺利捕捉到图 2-9 中"1""2"两点，可以右键点击 ▢ 按钮，在弹出菜单中选择"象限点"。

**4. 绘制洗脸盆上方造型**

（1）先用偏移命令将最上面的直线向下复制偏移 150，如图 2-10（a）所示。再用修剪命令修剪多余部分，如图 2-10（b）所示。

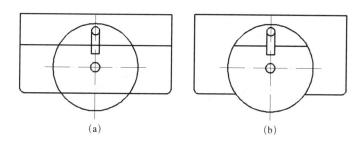

图 2-10　绘制洗脸盆上方造型

（a）偏移出盥洗区水平线；（b）点选要修剪部分后

（2）删除多余的线

命令：E ↙

选择对象：（鼠标点选要删除的两条点划线）↙

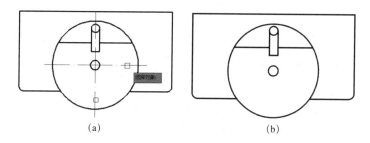

图 2-11　删除辅助线

（a）点选要删除的点划线；（b）删除完成后

### 5. 保存文件

以"洗脸盆"，为文件名保存文件到相应保存目录。

【技能训练】

参照任务一新建绘图环境，根据图 2-12 中的尺寸绘制壁灯、淋浴花洒头，并保存文件名为"壁灯"、"淋浴花洒头"的图形文件。

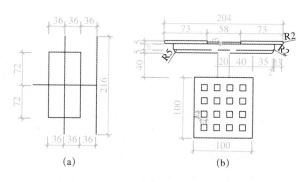

图 2-12　壁灯和淋浴花洒头

## 【评价】

任务评价表

| 评价内容 | | 评价 | | | |
|---|---|---|---|---|---|
| | | 很好 | 较好 | 一般 | 还需努力 |
| 学生自评 (40%) | 运用已学知识 | 设置基本绘图环境 | | | |
| | | 圆角命令 | | | |
| | | 修剪对象 | | | |
| | | 偏移对象 | | | |
| | | 保存图形文件 | | | |
| | 掌握新功能操作 | 绘制矩形 | | | |
| | | 输入距离画直线 | | | |
| | | 移动对象 | | | |
| | | 旋转对象 | | | |
| | | 复制对象 | | | |
| 组间互评 (20%) | 绘图速度 | 按时完成任务及练习 | | | |
| | 整组完成效果 | 任务及练习的完成质量 | | | |
| | | 任务及练习的完成速度 | | | |
| | 小组协作 | 组员间的相互帮助 | | | |
| 教师评价 (40%) | 识图能力 | 读图、读尺寸 | | | |
| | 命令的掌握 | 对已学命令在本任务中的应用 | | | |
| | | 新命令的运用 | | | |
| | 绘图方法 | 绘制图形所采用的方法和步骤 | | | |
| | 完成效果 | 图形的准确性 | | | |
| 综合评价 | | | | | |

## 【知识链接】

| 洁具名称 | 外形尺寸（长×宽×高mm） | 安装尺寸（mm） |
|---|---|---|
| 浴缸 | 1200×650×400<br>1550×750×440<br>1680×770×460 | 淋浴喷头距地面≥2000，帘棍距地≥2000，淋浴扶手距地面1050，淋浴器开关和肥皂盒下皮距地面1050，浴巾杆距地面1200，浴缸旁肥皂和扶手距盆底700淋浴房的尺寸不能小于850×850 |
| 淋浴（带托盆） | 900×700～900×1000 | |
| 洗手盆 | 500×40×250～300 | 儿童为660～800高，大人为800～910mm高，镜下沿距地面1200 |
| 干手器（电动或毛巾） | 400×300 | 距地1200 |
| 坐便器（低位、整体水箱）、坐便器（靠墙式、悬挂式） | 700×500×400～450<br>600×400×400～450 | 便器前活动空间800×450，坐便器中心离地400，卫生纸盒距便器中心＜700，卫生纸盒距离地750～800。 |
| 小便器（碗形） | 400～450×400～450×235 | 小便器上沿离地600，小便器之间中心距≥650 |
| 女用净身盆 | 650×400×400 | 同坐便器 |
| 蹲便器 | 600×300×300 | 后端离墙≥300 |
| 洗衣机 | 600×600×800～900 | 安装使用空间≥1000×1100 |

## 任务 2　绘制餐桌椅

【任务描述】

　　餐桌椅是餐厅中必不可少的家具之一，按座位数可分为双人位餐桌椅、四人位餐桌椅、六人位餐桌椅、八人位餐桌椅、十人位餐桌椅等；按餐桌椅材质的不同分为钢制餐桌椅（一般分为玻璃钢、不锈钢两种）、木制餐桌椅、大理石餐桌椅、塑料餐桌椅等；从形状上来看，餐桌主要分为方桌、圆桌、开合桌；椅子按不同的设计方式可分为可折叠式、不可折叠式、圆凳、方凳、带靠背等。

　　本任务通过绘制一套六人餐桌椅的平面图如图 2-13 所示，学习如何使用 AutoCAD2014 的矩形绘图命令和移动、旋转、复制等修改命令。这一套六人餐桌椅的平面图，我们可通过矩形命令绘制出一个餐桌尺寸的矩形，然后再用圆角命令对其圆角。通过观察可发现，六张餐椅尺寸相同，而摆放方向和位置各异，可以绘制出其中一张，然后通过复制、旋转、移动命令来完成其余五张餐椅的绘制。

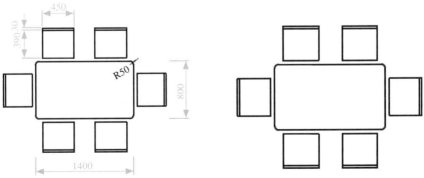

图 2-13　六人餐桌椅

【学习支持】

**1. 矩形命令**

（1）功能

直接绘制出矩形。

（2）执行方式

在命令行键入"REC"，或单击绘图工具栏按钮▭，或点击下拉菜单"绘图"→"矩形"。

（3）操作格式

命令：REC（ECTANG）↙

指定第一个角点或 [ 倒角（C）/ 标高（E）/ 圆角（F）/ 厚度（T）/ 宽度（W）]：（定位第一个角点）

制定另一个角点或 [ 尺寸（D）]：（定位第二个角点或直接用坐标方式输入第二个角点与第一个角点的相对坐标，如 @100，100)↙

（4）选项说明

◆ 默认方式：定位出矩形的两个对焦点绘制一个矩形。

◆ 倒角（C）：设置两个倒角距离，把矩形的四个直角绘制成斜角。

◆ 标高（E）：绘制三维图形时，用于设置矩形Z轴方向的位置。

◆ 圆角（F）：设置圆角半径，把矩形的四个直角绘制成圆角。

◆ 厚度（T）：绘制三维图形时，设置矩形各边Z轴方向的厚度。

◆ 宽度（W）：设置矩形各边的线宽。

◆ 尺寸（D）：使用长和宽创建矩形。其后有提示如下：

指定矩形的长度 <0.0000>：输入矩形的长度

指定矩形的宽度 <0.0000>：输入矩形的宽度

指定另一个角点或 [ 尺寸（D）]：移动光标以显示矩形可能的四个位置之一，在需要的位置单击。

**2. 移动命令**

（1）功能

移动对象而不改变其方向和大小。

（2）执行方式

在命令行键入"M"，或单击修改工具栏按钮✛，或点击下拉菜单"修改"→"移动"。

（3）操作格式

命令：M（MOVE）↙

选择对象：（选择要移动的图形对象）

选择对象：（按空格或回车表示选择完毕）

指定基点或位移：（确定基点或位移量的第一个点）

指定位移的第二个点或 < 用第一个点作位移 >：（定位出基点的目标位置或回车确定以第一个点作位移矢量）

（4）操作提示

◆ 基点是被移动的图形对象在移动过程中的对齐点。

◆ 如果在"指定位移的第二个点"的提示下回车，则第一个点（即"指定基点"处定位的点）的坐标值被当作在 X、Y、Z 轴方向上的位移值。例如，如果被指定基点为（3，5）并在下一个提示下回车，则该对象从它当前的位置开始在 X 轴方向上移动 3 个单位，在 Y 轴方向上移动 5 个单位。这种情况下，第一个点通常由键盘输入。

◆ 基点和位移的第二个点可以用鼠标在屏幕上选择或通过键盘输入坐标值。

### 3. 旋转命令

（1）功能

绕指定点旋转对象。

（2）执行方式：

在命令行键入"RO"，或点击下拉菜单"修改"→"旋转"，或单击修改工具栏按钮 ⟳。

（3）操作格式

命令：RO（ROTATE）↙

UCS 当前的正角方向：ANGDIR= 逆时针，ANGBASE=0

选择对象：（选择要选择的图形对象）

选择对象：（按空格或回车表示选择完毕）

指定基点：（指定旋转的中心点）

指定旋转角度或 [ 参照（R）]：（键入旋转的角度值，或输入"R"选择参照方式）↙

（4）操作提示

1）默认方式：角度以 X 轴正方向为基准，逆时针为正。

2）参考方式的操作有两种：

a. 输入"R"选择参照方式，次级提示为：

指定参照角 <0>：（点旋转的基准点）

指定第二个点：（点另一点，该点和基准点的连线作为旋转的基准线）

指定新角度：（移动鼠标，点击旋转后基准线的目标位置）

b. 输入"R"选择参照方式，次级提示为：

指定参照角 <0>：（输入一个参照角度）

指定新角度：（输入一个目标角度，系统根据目标角度和参考角度的差值确定实际

旋转角度）

### 4. 复制命令

（1）功能

可以完成图形、文字的一次或多次复制，以减少相同图形重复绘制的工作量。

（2）执行方式：

在命令行键入"CO"，或点击下拉菜单"修改"→"复制"，或单击修改工具栏按钮 🔗 。

（3）操作格式：

命令：CO（COPY）✓

选择对象：（选择要复制的图形对象）

选择对象：（继续选择要复制的图形对象，或按空格或回车表示选择完毕）

指定基点或位移：（确定基点或位移矢量）

指定位移的第二个点或＜用第一个点作位移＞：（定位出基点的目标位置或回车确定以第一个点作位移矢量）

（4）操作提示

◆　1）基点是被复制的图形对象在复制过程中的对齐点。

◆　如果在"指定位移的第二个点"的提示下回车，则第一个点（即"指定基点"处定位的点）的坐标值被当作在 X、Y、Z 轴方向上的位移值。例如，如果被指定基点为 3，5 并在下一个提示下回车，则该对象从它当前的位置开始在 X 轴方向上移动 3 个单位，在 Y 轴方向上移动 5 个单位。这种情况下，第一个点通常由键盘输入。

◆　基点和位移的第二个点可以用鼠标在屏幕上选择或通过键盘输入坐标值。

◆　可以重复复制多个副本，直到回车结束。

【任务实施】

### 1. 新建文件并设置绘图环境

新建图形文件，设置图形界限大小为 20000×20000，按图 1-26 图层练习要求设置图层。

### 2. 绘制餐桌

（1）绘制一个大小为 1400×800 的矩形，如图 2-14 所示。

命令：REC✓

指定第一个角点或[倒角（C）/标高（E）/圆角（F）/厚度（T）/宽度（W）]：（鼠标任意指定一个点，然后向右上角拖曳）

指定另一个角点或[面积（A）/尺寸（D）/旋转（R）]：（键入 @1400，800）✓

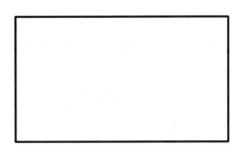

图 2-14　绘制矩形

【学习提示】

使用矩形命令时，在指定了第一个角点后，另一个角点的指定我们通常采用相对坐标的输入方式。在 AutoCAD2014 中，如果打开"动态输入"，即状态栏 按钮为蓝显，则系统默认指定的第二个角点的坐标为相对坐标，则可直接键入"1400，800"即可，反之，则必须加"@"相对符号。

（2）对矩形进行圆角。

用"圆角"命令对矩形进行圆角，如图 2-15 所示。

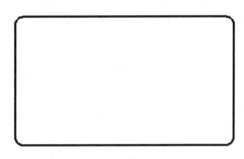

图 2-15　桌面圆角

【学习提示】

在绘制这张带圆角的餐桌的时候，我们也可以利用"矩形"命令中的一个选项"圆角（F）"来完成，直接绘制带圆角的矩形图形。

命令：REC↙

指定第一个角点或 [ 倒角（C）/ 标高（E）/ 圆角（F）/ 厚度（T）/ 宽度（W）]：（键入 f）↙

指定矩形的圆角半径 <0.0000>：（键入 50）↙

指定第一个角点或 [ 倒角（C）/ 标高（E）/ 圆角（F）/ 厚度（T）/ 宽度（W）]：

指定另一个角点或 [ 面积（A）/ 尺寸（D）/ 旋转（R）]：（键入 @1400，800）↙

### 3. 绘制餐椅

（1）用直线、偏移命令绘制一张大小为 450×420 的餐椅，如图 2-16。

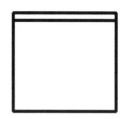

图 2-16　绘制餐椅

（2）用复制命令，复制出四张餐椅。

命令：CO ↙

选择对象：（框选整张餐椅）指定对角点：找到 5 个

选择对象：↙

当前设置：复制模式 = 多个

指定基点或 [ 位移（D）/ 模式（O）]< 位移 >：（点击图 2-17（b）中"1"）

指定第二个点或 [ 阵列（A）]< 使用第一个点作为位移 >：（点击图 2-17（b）中"2"）

指定第二个点或 [ 阵列（A）/ 退出（E）/ 放弃（U）]< 退出 >：（点击图 2-17（b）中"3"）

指定第二个点或 [ 阵列（A）/ 退出（E）/ 放弃（U）]< 退出 >：（点击图 2-17（b）中"4"）

指定第二个点或 [ 阵列（A）/ 退出（E）/ 放弃（U）]< 退出 >：（点击图 2-17（b）中"5"）

指定第二个点或 [ 阵列（A）/ 退出（E）/ 放弃（U）]< 退出 >：↙

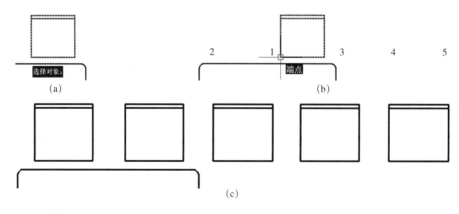

图 2-17　复制四张餐椅

（a）选择餐椅；（b）选择基点"1"；（c）复制完四张餐椅

【学习提示】

除了采用以上方法，还可直接采用 Ctrl+C、Ctrl+V 配合来完成复制、粘贴，采用这种方法复制时的基点默认为左下角。

（3）用旋转命令，旋转摆放方向不同的三张餐椅，如图 2-18 所示。

命令行提示操作如下：

命令：RO ↙

UCS 当前的正角方向：ANGDIR= 逆时针 ANGBASE=0

选择对象：（框选右边其中一张餐椅）指定对角点：找到 5 个

选择对象：↙

指定基点：（点击图 2-18（a）中"1"）

指定旋转角度，或 [ 复制（C）/ 参照（R）]<0>：（键入 90）↙

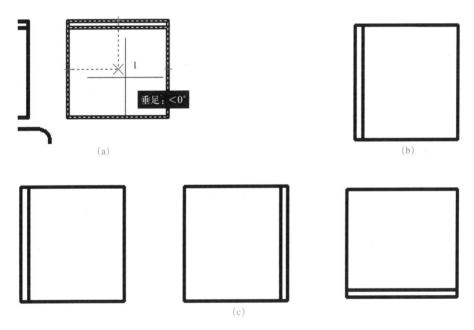

(a)　　　　　　　　　　　　　　　　(b)

(c)

图 2-18　旋转餐椅

(a) 选择基点"1"；(b) 旋转后；(c) 旋转另外两张餐椅

（4）用移动命令，移动被旋转的餐椅到相应位置。

命令：M ↙

选择对象：（框选应放置在餐桌左边的餐椅）指定对角点：找到 5 个

选择对象：↙

指定基点或 [ 位移（D）]< 位移 >：（点击图 2-19（a）中"1"）

指定第二个点或 < 使用第一个点作为位移 >：（点击图 2-19（b）中"2"）

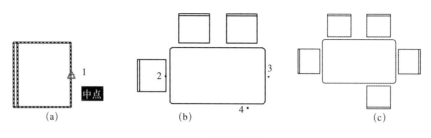

图 2-19 移动餐椅

(a) 指定基点"1"；(b) 移动至"2"、"3"、"4"点；(c) 完成移动

（5）用复制命令复制出另一张餐桌下方的餐椅，如图 2-20 所示。

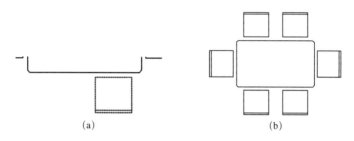

图 2-20 复制最后一张餐椅

(a) 选择餐椅；(b) 完成复制

### 4. 保存餐桌椅

以"六人餐桌椅"，为文件名保存文件到相应保存目录。

【技能训练】

参照任务二新建绘图环境，绘制图 2-21 中的浴缸和洗手盆，并分别保存文件名为"浴缸"和"洗手盆"的图形文件。

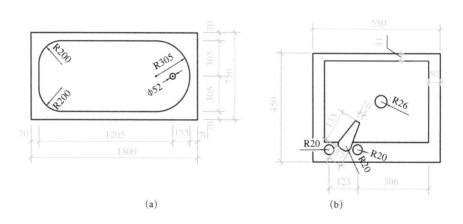

(a)　　　　　　　　　　　(b)

图 2-21 浴缸和洗手盆

【评价】

任务评价表

| 评价内容 | | | 评价 | | | |
|---|---|---|---|---|---|---|
| | | | 很好 | 较好 | 一般 | 还需努力 |
| 学生自评<br>(40%) | 运用已学知识 | 设置基本绘图环境 | | | | |
| | | 圆角命令 | | | | |
| | | 修剪对象 | | | | |
| | | 偏移对象 | | | | |
| | | 保存图形文件 | | | | |
| | 掌握新功能操作 | 绘制矩形 | | | | |
| | | 输入距离画直线 | | | | |
| | | 移动对象 | | | | |
| | | 旋转对象 | | | | |
| | | 复制对象 | | | | |
| | 绘图速度 | 按时完成任务及练习 | | | | |
| 组间互评<br>(20%) | 整组完成效果 | 任务及练习的完成质量 | | | | |
| | | 任务及练习的完成速度 | | | | |
| | 小组协作 | 组员间的相互帮助 | | | | |
| 教师评价<br>(40%) | 识图能力 | 读图、读尺寸 | | | | |
| | 命令的掌握 | 对已学命令在本任务中的应用 | | | | |
| | | 新命令的运用 | | | | |
| | 绘图方法 | 绘制图形所采用的方法和步骤 | | | | |
| | 完成效果 | 图形的准确性 | | | | |
| 综合评价 | | | | | | |

【知识链接】

餐桌、餐椅、餐柜尺寸相关知识：

**1. 餐桌**

选择一张圆餐桌还是长方形餐桌并不单单取决于空间条件，就餐者的生活习惯也很重要。圆形的餐桌比较适宜就餐时交谈，氛围更加轻松、亲密，人数也宜变通。空间狭窄时长方形的桌子较合适，长方形的餐桌也更正式。餐桌的高度以 750mm 为基准，上下不超过 50mm。

**2. 餐椅**

座椅高度应在 420~440mm 之间，高度过低，腿就不能自然弯曲，起立时会觉得有困难。椅子的进深，一般座前宽应不小于 380mm，座深在 340~420mm，椅背总高在

850~1000mm。餐椅一般不设扶手，这样用餐时更随意自在。但也有在较正式的场合或显示主座时使用带扶手的餐椅，以展现庄重的气氛或让人理舒适。如果餐桌的餐椅不是成套的，注意椅子的椅面高度的桌子的桌面高度差，270~320mm是适当的。

**3. 餐柜**

餐柜多采用上下组合的形式。餐柜的上部分多采用玻璃门，以展示餐具和酒，深度通常260~350mm，低柜较上端稍深一些，400~450mm为宜。餐橱高度与宽度没有一定的尺寸，与空间比例协调即可。

# 任务3　绘制装饰画

【任务描述】

　　装饰画是建筑装饰空间中最常见的陈设之一，常被装点于建筑物表面，赋予周围环境以相应的艺术气息，使得环境变得美观得体、增加房间的空间感觉和艺术气息。它被广泛运用于家庭、酒店和办公场所的装修搭配。它的种类繁多，款式各异，大小不一，有中式、新中式、欧式、英式、美式、法式装饰画等等。在AutoCAD中，我们常常以较为简单的线条，抽象的表现装饰画来装点空间。

　　本任务通过绘制一幅装饰画框的立面图如图2-22所示，学习如何使用AutoCAD2014的倒角、样条曲线等修改命令。我们可通过矩形和偏移命令绘制出装饰画的外框和内框，然后再通过倒角命令将内框的四角修改成斜角，最后，再用样条曲线和圆命令绘制中间的风景画。

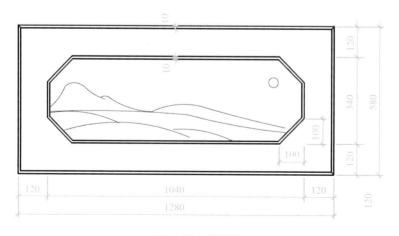

图 2-22　装饰画

【学习支持】

1. 倒角命令

（1）功能

用于给图形对象倒角，可以倒角直线、多段线、射线和构造线。

（2）执行方式

在命令行键入"CHA"，或单击绘图工具栏按钮◺，或点击下拉菜单"修改"→"倒角"。

（3）操作格式

命令：CHA（CHAMFER）↙

（"修剪"模式）当前倒角距离 1=0.0000，距离 2=0.0000

选择第一条直线或 [ 放弃（U）/ 多段线（P）/ 距离（D）/ 角度（A）/ 修剪（T）/ 方式（E）/ 多个（M）]:（选择需倒角的第一条线，或输入选项）

选择第二条直线，或按住 Shift 键选择直线以应用角点或 [ 距离（D）/ 角度（A）/ 方法（M）]:（选择需倒角的第二条线）

（4）选项说明

◆ 多段线（P）：对整个二维多段线的每个顶点进行倒角。如果多段线包含的线段过短以至于无法容纳倒角距离，则不对这些线段进行倒角。

◆ 距离（D）：设置倒角至选定边断电的距离。其次级选项为：

◆ 指定第一个倒角距离 <0.0000>:（输入第一条线上的倒角距离值）

◆ 指定第二个倒角距离 <0.0000>:（输入第二条线上的倒角距离，如直接空格或回车，则代表第二条线上的倒角距离和第一条线一样）

◆ 角度（A）：用第一条线的倒角距离和其与倒角线段的夹角定义倒角。

◆ 修剪（T）：控制 AutoCAD 是否将选定边修剪到倒角线端点。

◆ 方式（E）：控制 AutoCAD 使用"角度（A）"还是"距离（D）"的方式来创建倒角。

◆ 多个（M）：连续给多个对象加倒角。

2. 样条曲线命令

（1）功能

创建经过或靠近一组拟合点或由控制框的顶点定义的平滑曲线。在建筑装饰图样中常常用于绘制一些不规则的曲线。

（2）执行方式

在命令行键入"SPL"，或单击修改工具栏按钮∿，或点击下拉菜单"绘图"→"样条曲线"。

（3）操作格式

命令：SPL（SPLINE）↙

当前设置：方式＝拟合 节点＝弦

指定第一个点或［方式（M）/ 节点（K）/ 对象（O）］：（给出起点，或输入选项）

输入下一个点或［起点切向（T）/ 公差（L）］：（给出第二点，这些点称为样条曲线的拟合点）

输入下一个点或［端点相切（T）/ 公差（L）/ 放弃（U）］：（给出第三点或输入选项，若按回车键则结束命令）

（4）操作提示

◆ 方式（M）：控制 AutoCAD 将以"拟合点（F）"作为创建方法，还是"控制点（CV）"作为创建方法。

◆ 拟合（F）：通过指定样条曲线必须经过的拟合点来创建 3 阶（三次）B 样条曲线。在公差值大于 0（零）时，样条曲线必须在各个点的指定公差距离内。

◆ 控制点（CV）：通过指定控制点来创建样条曲线。使用此方法创建 1 阶（线性）、2 阶（二次）、3 阶（三次）直到最高为 10 阶的样条曲线。通过移动控制点调整样条曲线的形状通常可以提供比移动拟合点更好的效果。

◆ 节点（K）：指定节点参数化，它是一种计算方法，用来确定样条曲线中连续拟合点之间的零部件曲线如何过渡。

◆ 对象（O）：将二维或三维的二次或三次样条曲线拟合多段线转换成等效的样条曲线。

◆ 起点切向（T）：指定在样条曲线起点的相切条件。

◆ 端点相切（T）：指定在样条曲线终点的相切条件。

◆ 公差（L）：指定样条曲线可以偏离指定拟合点的距离。

◆ 放弃（U）：删除最后一个指定点。

【任务实施】

### 1. 新建文件并设置绘图环境

新建图形文件，设置图形界限大小为 10000×8000，按图 1-26 图层练习要求设置图层。

### 2. 绘制装饰画的内外边框

先用"直线"命令绘制一个大小为 1280×580 的矩形，如图 2-23（a）所示。再用"偏移"命令先后设置偏移距离为 120 和 10，偏移出装饰画的内、外边框，如图 2-23（b）所示。

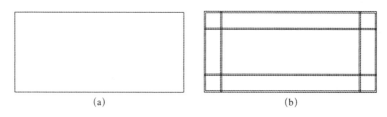

（a）                （b）

图 2-23　绘制内外边框

(a) 绘制矩形；(b) 偏移内外边框

### 3. 对装饰画的内边框进行倒角

（1）用倒角命令对内边框的外侧进行倒角。

命令：CHA ↙

（"修剪"模式）当前倒角距离 1=0.0000，距离 2=0.0000

选择第一条直线或 [ 放弃（U）/ 多段线（P）/ 距离（D）/ 角度（A）/ 修剪（T）/ 方式（E）/ 多个（M）]：（键入 d）↙

指定第一个倒角距离 <0.0000>：（键入 100）↙

指定第二个倒角距离 <100.0000>：（键入 100）↙

选择第一条直线或 [ 放弃（U）/ 多段线（P）/ 距离（D）/ 角度（A）/ 修剪（T）/ 方式（E）/ 多个（M）]：（键入 m）↙

选择第一条直线或 [ 放弃（U）/ 多段线（P）/ 距离（D）/ 角度（A）/ 修剪（T）/ 方式（E）/ 多个（M）]：（点选图 2-24（a）"1"线段）

选择第二条直线，或按住 Shift 键选择直线以应用角点或 [ 距离（D）/ 角度（A）/ 方法（M）]：（点选图 2-24（a）"2"线段）

倒角完成如图 2-24（b），然后依次点选图中其他几组线段如图 2-24（c）所示。

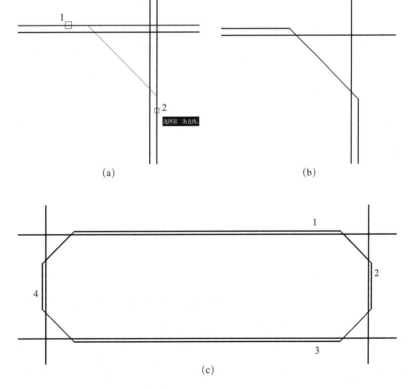

图 2-24　倒角内框

（a）倒角线 "1""2"；（b）倒角后；（c）完成四个倒角

（2）用偏移命令绘制内边框的宽度，再用圆角命令对内边框进行修改，如图 2-25 所示。

图 2-25　绘制内框

**4. 绘制装饰画内部的风景画。**

（1）用样条曲线命令绘制不规则的风景。

命令行提示操作如下：

命令：SPL↙

当前设置：方式 = 拟合节点 = 弦

指定第一个点或 [ 方式（M）/ 节点（K）/ 对象（O）]：（点击图 2-26（a）点 "1"）

输入下一个点或 [ 起点切向（T）/ 公差（L）]：（逐一点击图 2-26（a）点 "2" "3" "4" ……）

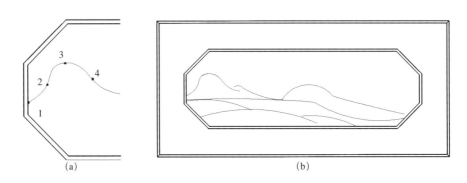

图 2-26　绘制样条曲线

(a) 点 "1" "2" "3" "4" ……点；(b) 完成样条曲线绘制

（2）编辑样条曲线，完成风景画。

图 2-26（b）中样条曲线所绘出的线条比较生硬不够美观，可选中仍需调整的样条曲线，点击曲线第一个点下方的蓝色三角形，将其改为"控制点"来修改样条曲线，如图 2-27（a）所示，通过单击控制点进行拉伸或添加、删除控制点，如图 2-27（b）所示，以达到理想效果。最后，用"圆"命令在适当位置绘制出太阳，得到最终效果，如图 2-27（c）所示。

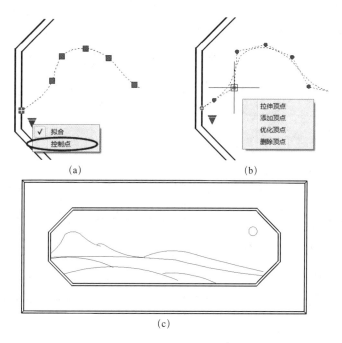

图 2-27　编辑样条曲线

(a) 改为"控制点"；(b) 编辑"控制点"；(c) 编辑后

【学习提示】

上述样条曲线的编辑，属于夹点编辑中的一种。

所谓夹点就是指在选中对象时，对象关键点上所显示的实心小方框。可以拖动这些夹点快速拉伸、移动、旋转、缩放或镜像对象，并且可以在完成这些操作的同时进行复制。

不同对象的夹点位置不同，见表 2-1。

表 2-1

| 对象 | 夹点的位置 | 对象 | 夹点的位置 |
|---|---|---|---|
| 直线 | 起点、中点、端点 | 矩形 | 四个顶点 |
| 椭圆弧 | 中心、椭圆弧中点及两端点 | 圆 | 中心及四个象限点 |
| 多线 | 直线段的端点及弧线段的中心、端点 | 多边形 | 各顶点 |
| 填充图案 | 插入点 | 椭圆 | 中心及四个象限点 |
| 单行文字 | 插入点 | 圆弧 | 弧线中心及两端点 |
| 尺寸标注 | 尺寸文字的中心点、尺寸线的端点 | 图块 | 插入点 |

### 5. 保存文件

以"装饰画"为文件名保存文件到相应保存目录。

【技能训练】

参照任务三新建绘图环境，绘制图 2-28 中马桶、洗衣机和卷纸器，并保存文件名为"马桶"、"洗衣机"和"卷纸器"的图形文件。

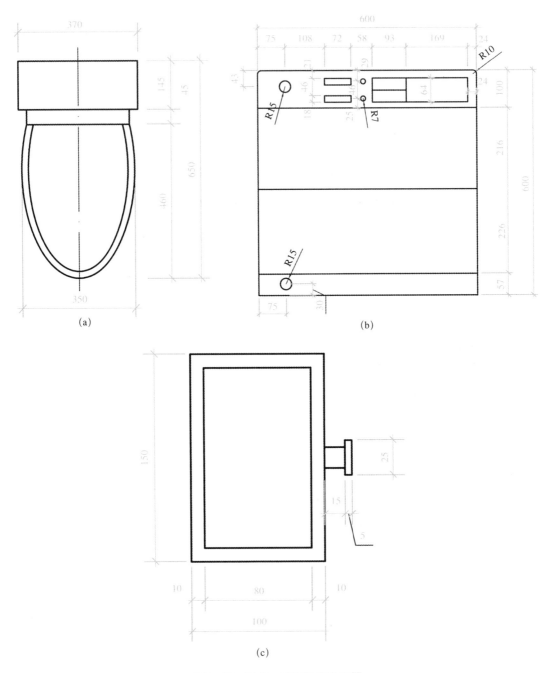

图 2-28　马桶、洗衣机和卷纸器

【评价】

任务评价表

| 评价内容 | | | 评价 | | | |
|---|---|---|---|---|---|---|
| | | | 很好 | 较好 | 一般 | 还需努力 |
| 学生自评<br>(40%) | 运用已学知识 | 设置基本绘图环境 | | | | |
| | | 绘制直线 | | | | |
| | | 圆角命令 | | | | |
| | | 偏移对象 | | | | |
| | | 保存图形文件 | | | | |
| | | 绘制圆 | | | | |
| | 掌握新功能操作 | 绘制样条曲线 | | | | |
| | | 倒角对象 | | | | |
| | | 夹点编辑对象 | | | | |
| | 绘图速度 | 按时完成任务及练习 | | | | |
| 组间互评<br>(20%) | 整组完成效果 | 任务及练习的完成质量 | | | | |
| | | 任务及练习的完成速度 | | | | |
| | 小组协作 | 组员间的相互帮助 | | | | |
| 教师评价<br>(40%) | 识图能力 | 读图、读尺寸 | | | | |
| | 命令的掌握 | 对已学命令在本任务中的应用 | | | | |
| | | 新命令的运用 | | | | |
| | 绘图方法 | 绘制图形所采用的方法和步骤 | | | | |
| | 完成效果 | 图形的准确性 | | | | |
| 综合评价 | | | | | | |

【知识链接】

陈设品不仅能丰富室内空间层次，而且使空间更具有个性与特点。从表面上看，陈设品的作用是装饰室内空间，丰富视觉效果，但在实质上它的最大作用是提升生活环境的格调和品质。它不仅具有环境烘托的作用，还有抒情的效果，而且有的室内陈设是属于表达精神思想的媒介，它也为人们提供直接的自我表现手段，甚至有的艺术品陈设，其内涵已超越出美学范畴而成为某种精神的象征。

# 任务4 绘制地面拼花

【任务描述】

　　拼花主要是指通过对木板、石材、陶瓷等平板材料进行艺术加工，然后拼接在一起，形成的艺术图案。其中，石材拼花在现代建筑中被广泛应用于地面、墙面、台面等装饰，以其石材的天然美（颜色、纹理，材质）加上人们的艺术构想"拼"出一幅幅精美的图案。

　　本任务通过绘制一款石材地面拼花的平面图如图2-29所示，学习如何使用AutoCAD2014的填充绘图命令和阵列修改命令。通过观察，我们不难发现拼花的形状就像一个风车，四周的6个尖角均围着中心点有规律的旋转一周，所以，在绘图时我们可以先画出4个圆，然后绘出1个尖角，利用环形阵列命令绕中心点阵列出其余5个尖角，最后，稍作修剪，填充相应拼花图案即可。

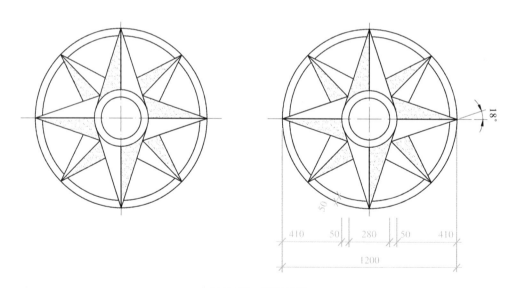

图2-29　地面拼花

【学习支持】

**1.图案填充命令**

（1）功能

使用填充图案、实体填充或渐变填充来填充封闭区域或选定对象。

（2）执行方式

在命令行键入"H"，或单击绘图工具栏按钮 ▦ 或 ▨，或点击下拉菜单"绘图"→"图案填充"。

执行上述命令后，系统将打开"图案填充和渐变色"对话框，如图 2-30 所示。

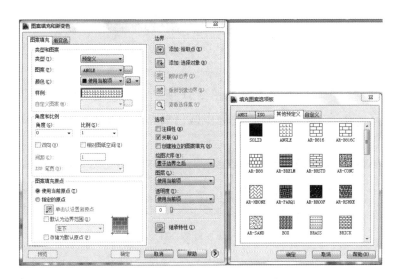

图 2-30 "图案填充和渐变色"对话框与"填充图案选项板"

（3）选项卡说明

◆ 类型和图案：指定图案填充的类型、图案、颜色和背景色。单击"样例"预览框将弹出"填充图案选项板"，如图 2-40 所示，根据需要指定所需的图案。

◆ 角度和比例：指定选定填充图案的角度和比例。

◆ 图案填充原点：控制填充图案生成的起始位置。某些图案填充（例如砖块图案）需要与图案填充边界的一点对齐。默认情况下，所有图案填充原点都对应于当前UCS 原点。

◆ 边界：指定要图案填充的区域边界（填充区域的边界必须要闭合）。其次级选项为：

添加：拾取点：指定内部点时，可以随时在绘图区域中单击鼠标右键以显示包含多个选项的快捷菜单。

添加：选择对象：根据构成封闭区域的选定对象确定边界。

删除边界：从边界定义中删除之前添加的任何对象。

◆ 预览：使用当前图案填充或填充设置显示当前定义的边界。在绘图区域中单击或按 Esc 键返回到对话框。单击鼠标右键或按回车键接受图案填充或填充。

**2. 阵列命令**

（1）功能

创建按指定方式排列的对象副本。

（2）执行方式

在命令行键入"AR"，或单击修改工具栏按钮 ，或点击下拉菜单"修改"→"阵列"→"矩形阵列"或"路径阵列"或"环形阵列"。

（3）矩形阵列操作格式及选项说明

命令：AR（ARRAY）↙

选择对象：（指定要阵列的对象，选择完毕后按回车结束选择）

输入阵列类型 [ 矩形（R）/ 路径（PA）/ 极轴（PO）]< 矩形 >：（矩形阵列，键入"R"回车）

弹出"阵列创建"功能选项卡，如图 2-31 所示，在选项卡中修改具体创建副本的参数，还可以直接在预览的图形中通过拖曳蓝色夹点修改参数，如图 2-32 所示。

图 2-31　矩形阵列创建选项卡

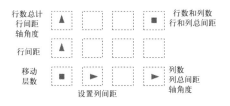

图 2-32　矩形阵列夹点编辑说明

选项卡说明：

◆　关联：关联性可允许您通过维护项目之间的关系快速在整个阵列中传递更改。阵列可以为关联或非关联。

◆　基点：重定义阵列的基点。

◆　关闭阵列：退出阵列命令。

◆　列数：指定副本的列数。介于：列的间距。总计：列的总间距。

◆　行数：指定副本的行数。介于：行的间距。总计：行的总间距。

◆　级数：指定副本的层级数。介于：层的间距。总计：层的总间距。

（4）路径阵列操作格式及选项说明

命令：AR（ARRAY）↙

选择对象：（指定要阵列的对象，选择完毕后按回车结束选择）

输入阵列类型 [ 矩形（R）/ 路径（PA）/ 极轴（PO）]< 矩形 >：（路径阵列，键入"PA"回车）

弹出"阵列创建"功能选项卡，如图，在选项卡中修改具体创建副本的参数，还可以直接在预览的图形中通过拖曳蓝色夹点修改参数，如图 2-33 所示。

图 2-33 路径阵列创建选项卡

选项卡说明：

◆ 切线方向：指定相对于路径曲线的第一个项目的位置。允许指定与路径曲线的起始方向平行的两个点。

◆ 定距等分：通过指定创建副本的间距来阵列。介于：指定项目间距。

◆ 定数等分：通过指定在路径上创建的副本数来阵列。项目数：指定创建项目数。

◆ 行数：指定创建副本的行数。介于：行的间距。总计：行的总间距。

（5）环形阵列操作格式及选项说明

命令：AR（ARRAY）↙

选择对象：（指定要阵列的对象，选择完毕后按回车结束选择）

输入阵列类型 [ 矩形（R）/ 路径（PA）/ 极轴（PO）]< 矩形 >：（环形阵列，键入"PO"回车）

类型 = 极轴，关联 = 否

指定阵列的中心点或 [ 基点（B）/ 旋转轴（A）]：（鼠标左键单击确定阵列的中心点）

弹出"阵列创建"功能选项卡，如图，在选项卡中修改具体创建副本的参数，还可以直接在预览的图形中通过拖曳蓝色夹点修改参数，如图 2-34 所示。

图 2-34 环形阵列创建选项卡

选项卡说明：

◆ 旋转项目：控制在阵列项时是否旋转。按钮亮显时旋转，否则不旋转。

◆ 方向：控制是否创建逆时针或顺时针阵列。按钮亮显为顺时针，否则逆时针。

◆ 项目数：指定创建副本的数目（包含源对象）。"项目数""介于""填充角度"之间有约束关联。

◆ 介于：指定项目间距。

◆ 填充角度：指定阵列中的第一项和最后一项之间的角度。

◆ 行数：指定副本由中心点向外扩散的行数。介于：行的间距。总计：行的总间距。

【任务实施】

### 1. 新建文件并设置绘图环境

新建图形文件，设置图形界限大小为 10000×8000，按图 1-26 图层练习要求设置图层。

### 2. 绘制外轮廓

在图层控制中点选"点划线"作为当前图层。用"直线"命令绘制十字相交线作为辅助线，如图 2-35（a）所示。在图层控制中点选"粗实线"作为当前图层。用"圆"命令绘制大概轮廓的四个圆，如图 2-35（b）所示。

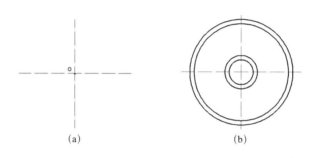

图 2-35　绘制圆

（a）绘制水平垂直辅助线；（b）绘制圆

### 3. 绘制其中一个尖角

（1）设置极轴追踪角度为 18°绘制斜线。

在窗口下方鼠标右键单击"极轴追踪"  按钮，点击"设置（S）..."，如图 2-36（a）所示，弹出"草图设置"对话框，在"极轴追踪"选项卡中勾选"附加角"，点击"新建"按钮，键入"18"的附加角度，点击确认，如图 2-36（b）所示。

图 2-36　添加极轴追踪附加角

（a）极轴追踪菜单；（b）极轴追踪选项卡

（2）绘制与 X 轴成 18°角的斜线。

用"直线"命令，以尖角处作为线段的第一个点，然后向右上角拖曳，直至出现一条"<18°"的虚线，如图 2-37（a）所示，鼠标左键点击虚线任意位置。

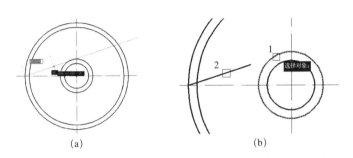

（a）　　　　　　　　　　　（b）

图 2-37　绘制 18°角斜线

（a）追踪到 18°角；（b）延伸斜线至圆

（3）旋转复制一条斜线。

用延伸命令使斜线与圆相交，再用"旋转"命令，点选图 2-38（a）中斜线"1"，以点"2"作为基点，选择复制选项，顺时针旋转复制 36 度的斜线，如图 2-38（b）所示。

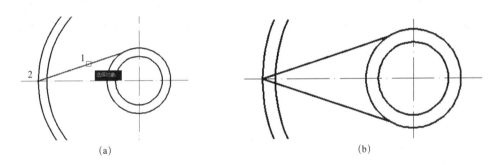

（a）　　　　　　　　　　　　　　　（b）

图 2-38　旋转斜线至下方

（a）选择"1"线段以"2"为基点选择；（b）旋转完成后

**4. 阵列尖角**

沿尖角处绘制一条水平线段至圆，用环形阵列命令阵列出其余 5 个尖角。

命令：AR↙

选择对象：（点选将被阵列的 3 条线，如图 2-39（a））↙

选择对象：输入阵列类型 [ 矩形（R）/ 路径（PA）/ 极轴（PO）]< 极轴 >：（键入 po）↙

类型 = 极轴，关联 = 是

指定阵列的中心点或 [ 基点（B）/ 旋转轴（A）]：（点击图 2-39（a）中"O"点）

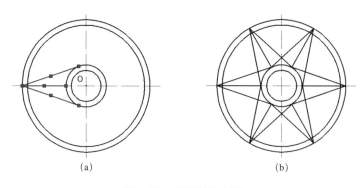

图 2-39 环形阵列斜线

(a) 选择阵列源；(b) 阵列完成后

### 5. 填充图例

阵列后，修剪掉多余线段如图 2-40（a）所示，再用图案填充命令填充拼花图例效果。

在命令行键入命令"H"回车，或在绘图工具栏上单击▨按钮，或单击菜单"绘图"→"图案填充"命令，弹出"图案填充刚和渐变色"对话框，在对话框中点击"样例"，弹出"填充图案选项板"，在"其他预定义"选项卡中点选名为"AR-SAND"图例，点击"确定"按钮，点击"添加：拾取点" ⊞ 按钮，点击图 2-40（b）中的"1""2""3""4""5""6""7""8"处回车，再弹出"图案填充刚和渐变色"对话框，点击"预览"按钮，检查填充效果，效果不理想可以调整比例至合理，点击"确定"按钮，填充完毕。如图 2-40（c）所示。

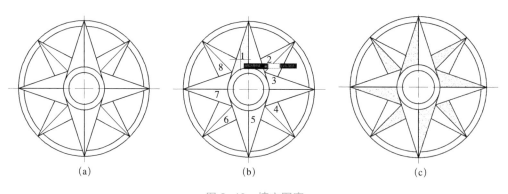

图 2-40 填充图案

(a) 填充前；(b) 点击"1""2"……填充位置；(c) 填充后

### 6. 保存文件

以"地面拼花"，为文件名保存文件到相应保存目录。

【技能训练】

参照任务四新建绘图环境，根据图 2-41 尺寸绘制楼梯，并保存文件名为"楼梯"

的图形文件。

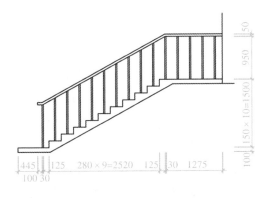

图 2-41　楼梯

【评价】

任务评价表

| 评价内容 | | | 评价 | | | |
|---|---|---|---|---|---|---|
| | | | 很好 | 较好 | 一般 | 还需努力 |
| 学生自评（40%） | 运用已学知识 | 设置基本绘图环境 | | | | |
| | | 绘制直线 | | | | |
| | | 绘制圆 | | | | |
| | | 偏移对象 | | | | |
| | | 旋转对象 | | | | |
| | | 延伸对象 | | | | |
| | | 保存图形文件 | | | | |
| | 掌握新功能操作 | 极轴追踪设置 | | | | |
| | | 阵列对象 | | | | |
| | | 图案填充 | | | | |
| | 绘图速度 | 按时完成任务及练习 | | | | |
| 组间互评（20%） | 整组完成效果 | 任务及练习的完成质量 | | | | |
| | | 任务及练习的完成速度 | | | | |
| | 小组协作 | 组员间的相互帮助 | | | | |
| 教师评价（40%） | 识图能力 | 读图、读尺寸 | | | | |
| | 命令的掌握 | 对已学命令在本任务中的应用 | | | | |
| | | 新命令的运用 | | | | |
| | 绘图方法 | 绘制图形所采用的方法和步骤 | | | | |
| | 完成效果 | 图形的准确性 | | | | |
| 综合评价 | | | | | | |

## 任务5　绘制梳妆台

### 【任务描述】

在现代家居中，梳妆台已经被业主、客户、家居设计师广泛使用，一般分为独立式和组合式两种。独立式即将梳妆台单独设立，这样做比较灵活随意，装饰效果往往更为突出。组合式是将梳妆台与其他家具组合设置，这种方式适宜于空间不多的小家庭。

本任务通过绘制一个椭圆镜面的梳妆台立面图如图2-42所示，学习如何使用AutoCAD2014的椭圆、多边形绘图命令和镜像、打断修改命令。我们可通过直线、偏移、修剪等命令先绘制出下方桌体部分，然后用椭圆、偏移、样条曲线绘出上方镜框部分，再使用多边形命令绘出把手，最后用填充命令填充镜面效果。

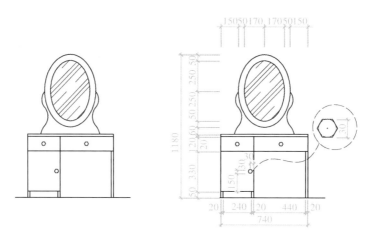

图2-42　梳妆台

### 【学习支持】

**1. 椭圆命令**

（1）功能

绘制椭圆或椭圆弧。

（2）执行方式

在命令行键入"EL"，或单击绘图工具栏按钮👄，或点击下拉菜单"绘图"→"椭圆"→"圆心"或"轴、端点"或"圆弧"。

（3）操作格式

命令：EL（ELLIPSE）↙

指定椭圆的轴端点或[圆弧（A）/中心点（C）]：（指定第一条轴的一个端点）

指定轴的另一个端点：(指定第一条轴的另一个端点)

指定另一条半轴长度或 [ 旋转（R）]：(指定另一条轴的半轴距)

（4）选项说明

◆　圆弧（A）：创建一段椭圆弧。其次级提示为：

指定起点角度或 [ 参数（P）]：(指定椭圆中圆弧起点的角度)

指定端点角度或 [ 参数（P）/ 包含角度（I）]：(指定椭圆中圆弧端点的角度)

◆　中心点（C）：使用中心点、第一个轴的端点和第二个轴的长度来创建椭圆。其次级提示为：

指定椭圆的中心点：(指定椭圆中心点)

指定轴的端点：(指定第一条轴的端点)

指定另一条半轴长度或 [ 旋转（R）]：(指定另一条轴的半轴距)

◆　旋转（R）：通过绕第一条轴旋转圆来创建椭圆。

### 2.多边形命令

（1）功能

绘制正多边形。

（2）执行方式

在命令行键入"POL"，或单击绘图工具栏按钮⬠，或点击下拉菜单"绘图"→"多边形"。

（3）操作格式

命令：POL（POLYGON）

输入侧面数 <6>：(指定正多边形的变数)

指定正多边形的中心点或 [ 边（E）]：(指定正多边形的中心点，即基准圆的圆心)

输入选项 [ 内接于圆（I）/ 外切于圆（C）]<I>：(键入"I"，使用"内接于圆"的方式，键入"C"，使用"外接于圆"的方式)

指定圆的半径：(若键入基准圆的半径，则绘制正放的图形。若用鼠标点选可自行确定其中一个角点的位置)

（4）选项说明

◆　边（E）：通过指定第一条边的端点来定义正多边形。其次级提示为：

指定边的第一个端点：(指定第一条边的第一个端点)

指定边的第二个端点：(指定第一条边的第二个端点)

◆　内接于圆（I）：指定外接圆的半径，正多边形的所有顶点都在此圆周上。

◆　外切于圆（C）：指定从正多边形圆心到各边中点的距离。

### 3.镜像命令

（1）功能

创建轴对称的图形对象。

（2）执行方式

在命令行键入"MI"，或单击绘图工具栏按钮，或点击下拉菜单"修改"→"镜像"。

（3）操作格式

命令：MI（MIRROR）

选择对象：（选择要镜像的图形对象，回车结束选择）

指定镜像线的第一点：（指定镜像线上的任意一个点）

指定镜像线的第二点：（指定镜像线上的另一个任意点）

要删除源对象吗？[ 是（Y）/ 否（N）]<N>：（键入"Y"则删除源对象，键入"N"则保留源对象）

### 4. 打断命令

（1）功能

可以将选定的直线、圆、圆弧、多段线等图形对象在指定位置断开分为两个对象。

（2）执行方式

在命令行键入"BR"，或单击绘图工具栏按钮，或点击下拉菜单"修改"→"打断"。

（3）操作格式：

命令：BR（BREAK）

选择对象：（选择要打断的图形对象）

指定第二个打断点或 [ 第一点（F）]：（指定图形对象上第二个打端点，键入"F"则重新选择第一个打断点）

【任务实施】

### 1. 新建文件并设置绘图环境

新建图形文件，设置图形界限大小为 20000×20000，按图 1-26 图层练习要求设置图层。

### 2. 绘制梳妆台桌体

用直线绘出高为 520，宽为 740 的桌体外形，如图 2-43（a）所示；用偏移找到抽屉、柜子及板厚的位置，如图 2-43（b）所示；用修剪命令修剪多余的线段，如图 2-43（c）所示。

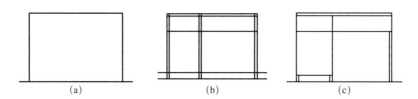

（a） （b） （c）

图 2-43 绘制桌体

(a) 桌体外形；(b) 偏移出桌厚和板厚；(c) 修剪好桌体

**3. 绘制椭圆镜框**

（1）点选"点划线"作为当前图层，先用直线、偏移命令绘出椭圆的辅助线，如图2-44 所示。

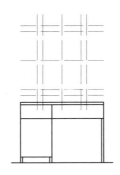

图2-44 绘制辅助线

（2）在"粗实线"图层绘制长轴为600，短轴为440的椭圆。

命令：EL ↙

指定椭圆的轴端点或 [ 圆弧（A）/ 中心点（C）]：（点击图2-45（a）中点"1"）

指定轴的另一个端点：（点击图2-45（a）中点"2"）

指定另一条半轴长度或 [ 旋转（R）]：（点击图2-45（a）中点"3"）

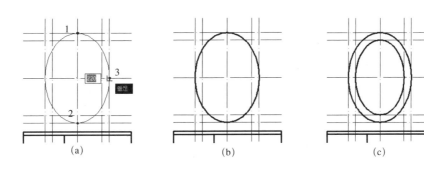

|       |       |       |
| (a)   | (b)   | (c)   |

图2-45 绘制椭圆

（a）以"1""2""3"点为轴端点；（b）镜面外框；（c）镜面内框

（3）用偏移命令绘出镜框。

用"偏移"命令，偏移出距离为"50"的镜框，如图2-45（c）所示。

**4. 绘制镜框支撑面板**

（1）用样条曲线绘出一条曲线。

在命令行键入命令"SPL"回车，或在绘图工具栏上单击～按钮，或单击菜单"绘图"→"样条曲线"命令，用鼠标左键逐点单击图纸描绘出曲线，结束命令后选中曲线，单击蓝色三角形，如图2-46（a）所示，将其改为控制点模式，如图2-46（b）所示，对曲线进行修改、调整，如图 2-46（c）所示。

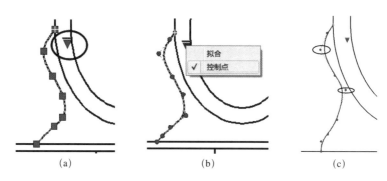

图 2-46　绘制样条曲线

(a) 绘制样条曲线；(b) 改为"控制点"编辑；(c) 编辑"控制点"

（2）用镜像命令复制出一条与之对称的曲线。

命令：MI ↙

选择对象：（点选图 2-47（a）中"1"）↙

指定镜像线的第一点：（点击图 2-47（a）中"2"）

指定镜像线的第二点：（点击图 2-47（a）中"3"）

要删除源对象吗？［是（Y）/ 否（N）]<N>：↙

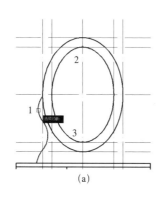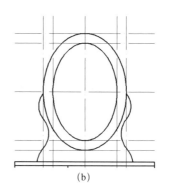

图 2-47　镜像曲线

(a) 镜像线的位置；(b) 曲线镜像后

### 5. 绘制多边形把手

（1）为多边形获取捕捉点打断线段。

多边形把手位于两抽屉的中心位置，为了更好地捕捉到中心点，我们需打断图 2-48 中"1""2"两条线段于角点处，将其变为五条线段。

命令：BREAK ↙

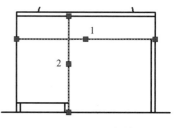

图 2-48　需要打断的线

选择对象：（点选图 2-49（a）中线段"1"）✓

指定第二个打断点或 [ 第一点（F）]：（键入 f）✓

指定第一个打断点：（点击图 2-49（a）中点"1"）

指定第二个打断点：（键入 @）✓

重复"打断"命令，将线段"2"在图 2-49（a）中"1""2"点处分别打断，得到五条独立的线段，如图 2-49（b）。

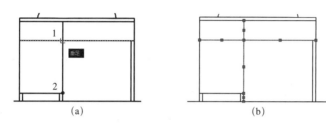

图 2-49　打断线段

(a) 确定断点；(b) 打断后

【学习提示】

上述的操作，我们还可以用"打断于点"命令来完成。修改工具栏上单击█按钮，直接选择要打断的图线，然后点击打断位置就可以了，但打断命令只能通过点击修改工具栏上按钮来操作。

（2）绘制多边形把手。

先用偏移命令将刚被打断的柜子边线偏移 30，以便捕捉多边形的中心，如图 2-50（a）所示。通过观察，把手为正六边形。用"多边形"命令，绘制一六边形，如图 2-50（d）所示。

命令：POL ✓

输入侧面数 <4>：（键入 6）✓

指定正多边形的中心点或 [ 边（E）]：（点击图 2-50（b）中的中点"O"点）

输入选项 [ 内接于圆（I）/ 外切于圆（C）]<C>：（键入 c，如图 2-50（c））✓

指定圆的半径：（键入 15）✓

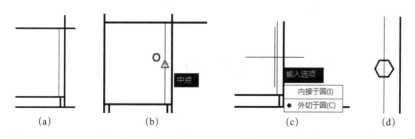

图 2-50　绘制多边形把手

(a) 作辅助线；(b) 多边形中心点；(c) 选外切于圆；(d) 完成六边形

（3）复制其余两个多边形把手。

用"复制"命令复制两个多边形，分别移到两个抽屉的中心点。鼠标移动至"1"点，停顿约1秒，再移至点"2"，然后向左移，捕捉到虚线所产生的交点即左边抽屉的中心点，如图2-51（a）；追踪"2"点与"3"点虚线所产生的交点即右边抽屉的中心点，如图2-51（b）所示。

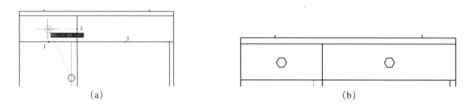

图 2-51　复制多边形把手

(a) 追踪捕捉点；(b) 完成把手复制

**6. 填充镜面效果**

为了填充效果更好，先删除所有辅助线。以"填充图案选项板"的"其他预定义"选项卡中的"CLAY"图例为图案填充镜面，如图2-52所示。

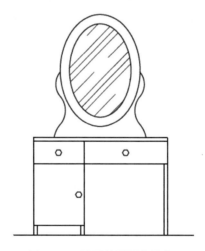

图 2-52　镜面效果图案填充

**7. 保存文件**

以"梳妆台"，为文件名保存文件到相应保存目录。

【技能训练】

参照任务五新建绘图环境，根据图2-53、图2-54、图2-55、图2-56的尺寸绘制图形，并保存文件名为"装饰吊灯"、"电视"、"坐便器"、"方形洗脸盆"的图形文件。

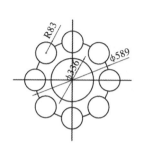

2-53　装饰吊灯

图 2-54　电视

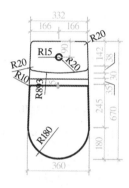

图 2-55　坐便器

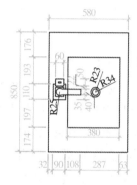

图 2-56　方形洗脸盆

【评价】

任务评价表

| 评价内容 | | 评价 | | | |
|---|---|---|---|---|---|
| | | 很好 | 较好 | 一般 | 还需努力 |
| 学生自评（40%） | 运用已学知识 | 设置基本绘图环境 | | | | |
| | | 绘制直线 | | | | |
| | | 绘制样条曲线 | | | | |
| | | 偏移对象 | | | | |
| | | 对样条曲线作夹点编辑 | | | | |
| | | 图案填充 | | | | |
| | | 保存图形文件 | | | | |
| | 掌握新功能操作 | 绘制椭圆 | | | | |
| | | 绘制多边形 | | | | |
| | | 镜像命令 | | | | |
| | | 打断对象 | | | | |
| | 绘图速度 | 按时完成任务及练习 | | | | |

续表

| | 评价内容 | | 评价 | | | |
|---|---|---|---|---|---|---|
| | | | 很好 | 较好 | 一般 | 还需努力 |
| 组间互评<br>(20%) | 整组完成效果 | 任务及练习的完成质量 | | | | |
| | | 任务及练习的完成速度 | | | | |
| | 小组协作 | 组员间的相互帮助 | | | | |
| 教师评价<br>(40%) | 识图能力 | 读图、读尺寸 | | | | |
| | 命令的掌握 | 对已学命令在本任务中的应用 | | | | |
| | | 新命令的运用 | | | | |
| | 绘图方法 | 绘制图形所采用的方法和步骤 | | | | |
| | 完成效果 | 图形的准确性 | | | | |
| 综合评价 | | | | | | |

【知识链接】

梳妆台一般尺寸长 1000~1500mm 左右，宽 400~500mm，总高 1500mm 左右，其中妆台台面距离地面 700~750mm，梳妆凳高 400~500mm。

大衣柜高 2400mm 左右，长度根据卧室的大小而定。衣柜深度一般 600~650mm，推拉门为 700mm，衣柜门宽度 400~650mm，挂衣杆上沿至柜顶板的距离 40~60mm 为宜，挂衣杆下沿至柜底板的距离，挂长大衣不应小于 1350mm，挂短外衣不应小于 850mm。衣柜的深度一般为 600mm，不应小于 500mm。衣柜被褥区常规设计在最高层，高度为 400~550mm。抽屉宽度为 400~800mm，抽屉面高度为 160~200mm。挂裤架需要不少于 600mm。更衣镜的高度为 1000~1400mm，宽度为 400mm 左右。

一般的三人沙发尺寸为长度：1750~1960mm，深度：800~900mm。一般的双人沙发尺寸为：长度：1260~1500mm；深度：800~900mm。沙发的座位高尺寸一般是 400mm，与客厅茶几的几乎平高。一般的单人沙发尺寸为：长度：800~950mm，深度：850~900mm；座高：350~420mm；背高：700~900mm。

# 任务 6 绘制双人床

【任务描述】

床是家居中不可缺少的家具之一，是供人睡卧的家具，一般摆放于卧室。本任务通过绘制一张双人床的立面图如图 2-57，学习如何使用 AutoCAD2014 的圆弧、定数等分、多段线绘图命令。我们可通过直线、偏移、圆弧、圆角等命令先绘出床的大体框架，然后用定数等分、延伸等命令绘出靠背的装饰木线，最后用多段线绘出自然垂坠效果的床摆。

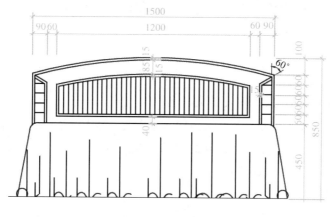

图 2-57　双人床

【学习支持】

### 1. 圆弧命令

（1）功能

绘制圆弧。

（2）执行方式

在命令行键入"A"，或单击绘图工具栏按钮，或点击下拉菜单"绘图"→"圆弧"。

（3）操作格式

命令：A（ARC）

圆弧创建方向：逆时针（按住 Ctrl 键可切换方向）。

指定圆弧的起点或 [ 圆心（C）]：（指定逆时针绘制圆弧的起点）

指定圆弧的第二个点或 [ 圆心（C）/ 端点（E）]：（指定逆时针绘制圆弧的第二个点）

指定圆弧的端点：（指定逆时针绘制圆弧的端点）

（4）选项说明

◆　圆心（C）：可以指定圆弧的圆心。

◆　端点（E）：确定圆弧的端点。

### 2. 定数等分命令

（1）功能

将选定的图形实体按指定数目等分，并且在各等分点上绘制点或插入块。

（2）执行方式

在命令行键入"DIV"，或点击下拉菜单"绘图"→"点"→"定数等分"。

（3）操作格式：

命令：DIV（DIVIDE）

选择要定数等分的对象：（选择要定数等分的图形对象）

输入线段数目或 [ 块（B）]：（指定线段数目）

（4）选项说明

块（B）：沿选定对象等间距放置指定的块。其下级提示为：

输入要插入的块名：（指定插入图块的名称）

是否对齐块和对象？[ 是（Y）/ 否（N）]<Y>：（键入"Y"则根据选定对象的曲率对齐块，键入"N"则根据用户坐标系的当前方向对齐块。）

输入线段数目：（指定线段数目）

### 3. 多段线命令

（1）功能

绘制由一系列可分别控制宽度的直线和圆弧组成的图形实体。

（2）执行方式

在命令行键入"PL"，或点击下拉菜单"绘图"→"多段线"。

（3）操作格式

命令：PL（PLINE）

指定起点：（指定起点的位置）

当前线宽为 0.0000

指定下一个点或 [ 圆弧（A）/ 半宽（H）/ 长度（L）/ 放弃（U）/ 宽度（W）]：（指定第二点，以当前线宽绘制线段）

指定下一点或 [ 圆弧（A）/ 闭合（C）/ 半宽（H）/ 长度（L）/ 放弃（U）/ 宽度（W）]：（指定第三点，或键入选项）

（4）选项说明

◆ 圆弧（A）：从绘制直线状态转换为绘制圆弧状态。其下级提示为：

角度（A）：设置圆弧所对应的圆心角，按逆时针方向的角度为正。

圆心（CE）：指定圆弧的圆心。

闭合（CL）：用圆弧将多段线封闭。

方向（D）：指定两点，第一点确定圆弧的切线方向，第二点确定圆弧的端点。

半宽（H）：设置圆弧线的半宽度。

直线（L）：从绘制圆弧方式转换到绘制直线方式。

半径（R）：指定圆弧的半径。

第二个点（S）：指定圆弧上的第二点，表示采用三点绘制弧方式绘制圆弧。

放弃（U）：表示放弃最后绘制的一段圆弧，退回前一步。

宽度（W）：设置圆弧线的宽度。

◆ 闭合（C）：连接多段线的起点和端点使用多段线封闭。

◆ 半宽（H）：设置多段线的半宽度（从线段中心线到边界的距离）。

◆  长度（L）：按上一线段的方向以指定长度绘制直线。如果前一段为圆弧，则方向为圆弧的切线方向。

◆  放弃（U）：依次删除上一线段，退回前一步。

◆  宽度（W）：用于指定下一段多段线的线宽。可以通过分别设置"起点宽度"和"端点宽度"绘制出前后宽度不同的线段。

【任务实施】

**1. 新建文件并设置绘图环境**

新建图形文件，设置图形界限大小为 20000×20000，按图 1-26 图层练习要求设置图层。

**2. 绘制弧线靠背的双人床外形**

（1）用直线和偏移命令绘出床的高和宽。

在图层控制中点选"粗实线"作为当前图层，用"直线"命令，按尺寸在图纸上绘制高为 750，宽为 1500 的床外形。用"偏移"命令，偏移出床"300"的铺面高度，如图 2-58。

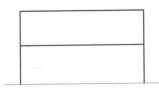

图 2-58  床外轮廓

（2）用圆弧命令绘出床靠背上的弧线。

先用"偏移"命令，偏移出"100"的床靠背弧线的最高点。再用"圆弧"命令绘出圆弧靠背。

命令行提示操作如下：

命令：A ↙

圆弧创建方向：逆时针（按住 Ctrl 键可切换方向）。

指定圆弧的起点或 [ 圆心（C）]：（点击图 2-59（a）点"1"）

指定圆弧的第二个点或 [ 圆心（C）/端点（E）]：（点击图 2-59（a）点"2"，即直线中点）

指定圆弧的端点：（点击图 2-59（a）点"3"）

（3）使用删除命令，删除靠背弧线上的水平线，如图 2-59（b）。

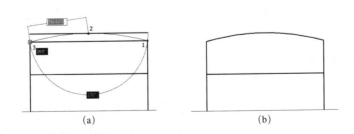

(a)　　　　　　　　　　　　　(b)

图 2-59

(a) 圆弧的三点；(b) 完成圆弧

### 3. 绘制靠背装饰线条

（1）绘出内外装饰木线框。用"偏移"命令，依次键入偏移距离"15"、"85"、"90"、"15"，偏移出内外装饰木线框的宽度，再用圆角命令修剪好内外装饰木线框，如图 2-60 所示。

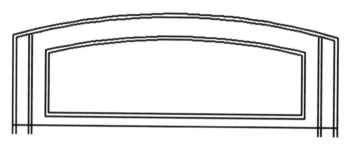

图 2-60　绘出内外装饰木线框

（2）绘制与 X 轴成 30°夹角的斜线。直线起点是"1"，利用"极轴追踪"鼠标向左下角拖曳，直至出现与 X 轴成 30°夹角的虚线，在与竖线相交的中点"2"单击鼠标，结束命令，如图 2-61（a）所示。用"偏移"命令，键入偏移距离"15"，偏移出装饰木线条的宽度，再用"修剪"命令修剪多余的装饰木线，如图 2-61（b）所示。再用"偏移"命令，键入偏移距离"60"，偏移出装饰木线的高度，如图 2-61（c）所示。

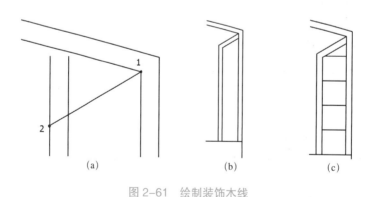

图 2-61　绘制装饰木线

（a）绘制斜线；（b）偏移出装饰木线条；（c）垂直偏移装饰木线

### 4. 绘制靠背装饰线条

（1）设置点样式。

单击菜单"格式"→"点样式"，弹出点样式对话框，点选一种自己喜欢且能明显看清的点样式，如⊠，再键入"3"作为点大小，点击确认，完成点样式的修改，如图 2-62 所示。

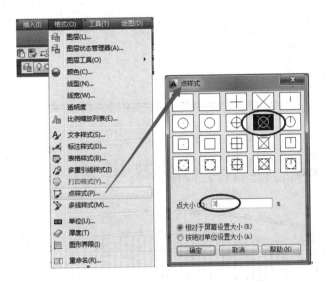

图 2-62　点样式

（2）用定数等分命令等分线段。

命令：DIV ↙

选择要定数等分的对象：（点选图 2-63（a）中"1"）

输入线段数目或 [ 块（B）]：（键入 39）↙

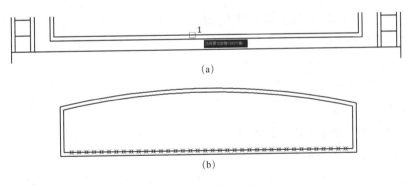

（a）

（b）

图 2-63　等分线段

（a）点选线"1"；（b）创建出定数等分点

（3）用复制和延伸命令绘出装饰木线。

鼠标右键单击"对象捕捉"按钮，左键点击"节点"，使我们在接下来的复制过程中可以顺利捕捉到刚才生成的 38 个点。

用"复制"命令复制图 2-64（a）中的垂直木线，以图 2-64（a）中点"1"作为基点，复制到 38 个节点处。用"延伸"命令，点选图 2-64（a）中弧线"2"回车，再框选刚被复制的 38 条线，如图 2-64（b），使其延长至弧线。最后，删除掉所有的节点，如图 2-64（c）所示。

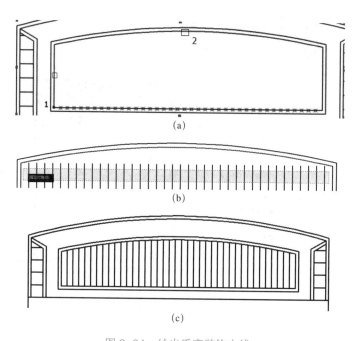

图 2-64　绘出垂直装饰木线

（a）以"1"点复制木线；（b）框选延伸垂线；（c）延伸垂线至弧线

**5. 绘制床摆**

（1）用多段线绘制床摆。

由于铺上床单后的床摆宽度绘比原本床的宽度宽，所以用直线随意的在床边绘制一条斜线作为床摆的外轮廓，如图 2-65（a）所示。再用多段线命令绘制床摆。

命令：PL↙

指定起点：（点击图 2-65（b）中"1"点）

当前线宽为 0.0000

指定下一个点或 [ 圆弧（A）/ 半宽（H）/ 长度（L）/ 放弃（U）/ 宽度（W）]：（键入 a）↙

指定圆弧的端点或 [ 角度（A）/ 圆心（CE）/ 方向（D）/ 半宽（H）/ 直线（L）/ 半径（R）/ 第二个点（S）/ 放弃（U）/ 宽度（W）]：（依次点击图 2-65（b）中"1"、"2"、"3"、"4"、"5"……）↙

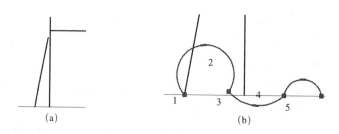

图 2-65　多段线画床摆

（a）床摆外轮廓斜线；（b）多段线画床摆波浪线

（2）鼠标单击多段线，如图 2-66（a）所示，通过点击点"1"拖动至理想位置。复制多段线，再经过调整，获得图 2-66（b）随意波浪线效果。

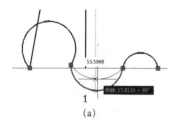
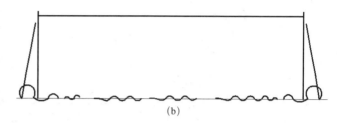

图 2-66　编辑床摆

（a）多段线夹点编辑；（b）完成床摆绘制

（3）绘制床摆的自然效果。

用"直线"命令绘制床摆直线，为床摆增加垂坠效果，如图 2-67（a）所示。再用"圆角"命令，设置半径为"50"，对床铺两角进行圆角，如图 2-67（b）所示。

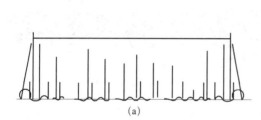
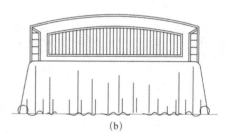

图 2-67　画床摆垂线

（a）画任意垂线；（b）调整床摆后

#### 6. 保存文件

以"双人床"，为文件名保存文件到相应保存目录。

【技能训练】

参照任务六新建绘图环境，根据图 2-68 尺寸绘制石膏线、电冰箱、壁灯立面，并保存文件名为"石膏线"、"电冰箱"、"壁灯立面"的图形文件。

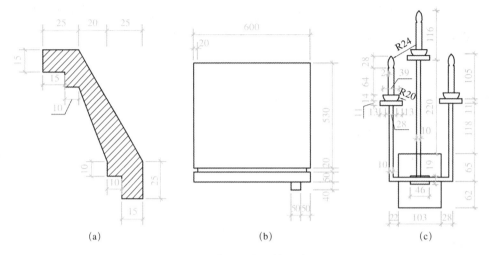

(a)           (b)           (c)

图 2-68　石膏线、电冰箱和壁灯立面

## 【评价】

任务评价表

| 评价内容 | | 评价 | | | |
|---|---|---|---|---|---|
| | | 很好 | 较好 | 一般 | 还需努力 |
| 学生自评 (40%) | 运用已学知识 | 设置基本绘图环境 | | | |
| | | 绘制直线 | | | |
| | | 偏移对象 | | | |
| | | 圆角命令 | | | |
| | | 修剪对象 | | | |
| | | 极轴追踪 | | | |
| | | 延伸对象 | | | |
| | | 保存图形文件 | | | |
| | 掌握新功能操作 | 绘制圆弧 | | | |
| | | 绘制多段线 | | | |
| | | 定数等分 | | | |
| | | 对多段线作夹点编辑 | | | |
| | | 点样式的设置 | | | |
| 组间互评 (20%) | 绘图速度 | 按时完成任务及练习 | | | |
| | 整组完成效果 | 任务及练习的完成质量 | | | |
| | | 任务及练习的完成速度 | | | |
| | 小组协作 | 组员间的相互帮助 | | | |
| 教师评价 (40%) | 识图能力 | 读图、读尺寸 | | | |
| | 命令的掌握 | 对已学命令在本任务中的应用 | | | |
| | | 新命令的运用 | | | |
| | 绘图方法 | 绘制图形所采用的方法和步骤 | | | |
| | 完成效果 | 图形的准确性 | | | |
| 综合评价 | | | | | |

## 【知识链接】

| 名称 | 尺寸（单位：mm） | 说明 |
|---|---|---|
| 单人床普通（标准床） | 900 × 2000 × 500 | 现在一般用的双人床的规格为2000×1800的。床与房间的比例一般控制在走道为500~700mm为宜。床的高度不应超过500mm |
| 单人床加大 | 1200 × 1800 × 500 | |
|  | 1200 × 2000 × 500 | |
| 双人床普通（标准床） | 1500 × 2000 × 500 | |
| 双人加大床 | 1800 × 2000 × 500 | |
| 婴儿床 | 650 × 1200 | 一般长度1200~1300mm，宽度要在770~800mm |
|  | 700 × 1300 | |
| 床头柜 | 580 × 415 × 490 | 床头柜的宽在400~600mm，深度在350~450mm，床头柜高度是在500~700mm |
|  | 600 × 400 × 600 | |
|  | 600 × 400 × 400 | |

# 任务 7  绘制卫生间平面图

## 【任务描述】

　　住宅的卫生间一般有专用和公用之分，专用的只服务于主卧室，公用的与公共走道相连接，由其他家庭成员和客人公用。根据形式可分为半开放式、开放式和封闭式，目前比较流行的是区分干湿分区的半开放式。

　　本任务通过绘制一间卫生间平面图如图2-69所示，学习如何使用AutoCAD2014的块的创建、保存、插入以及多线样式、多线、分解、标注等命令。我们可以先把之前任务和练习中所绘的洗脸盆、浴缸、坐便器变为块，然后用多线命令绘制出墙体，再分解墙体，经过修剪后，绘出窗、门等构件，最后插入洗脸盆、浴缸、坐便器，为卫生间的地面填充防滑砖的图例。

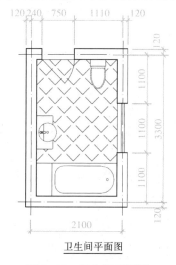

卫生间平面图

图2-69　卫生间平面图

【学习支持】

**1. 创建块**

（1）功能

将当前图形中的某些对象作为一个图块。

（2）执行方式

在命令行键入"B"回车，或单击绘图工具栏 按钮，或点击下拉菜单"绘图"→"块"→"创建（M）..."，系统将会弹出"块定义"对话框。

（3）对话框说明

◆ "名称"文本框：可以在其中输入要定义的图块的名称，也可以点击右面的黑色小三角查看或选择已定义的图块。

◆ "拾取点"按钮：用于确定插入点的位置。

◆ "选择对象"按钮：用于选择构成图块的图形对象。其中，"保留"表示创建图块后，将选定的对象保留在图形中。"转换为块"表示将选定的图形对象转化成一个图块。"删除"表示创建图块后，从图形中删除选定的图形对象。

◆ "块单位"选项：选择图块的尺寸单位，一般选择"毫米"。

**2. 写块**

（1）功能

将当前图形中已定义的图块以图形文件的形式存入磁盘，它将可以在任何图形文件中调用。

（2）执行方式

在命令行键入"W"，系统将会弹出"写块"对话框。

（3）对话框说明

◆ "源"选项组：指定要保存为图形文件的图块或图形文件。其中，"块"表示要存盘的图形文件是图块。"整个图形"表示把当前的整个图形看成一个块，将其保存为图形文件。"对象"表示把不属于图块的图形对象保存为图形文件。

◆ "目标"选项组：用于指定图形文件的名字、保存路径和插入单位。

**3. 插入块**

（1）功能

将已定义的图块或另一个图形文件以"图块"的形式插入到当前图形中。

（2）执行方式

在命令行键入"I"回车，或在绘图工具栏上单击 按钮，或点击下拉菜单"插入"→"块"，弹出"插入"对话框。

（3）对话框说明

◆ "名称"下拉列表：可以从中选择要插入的图块。

◆ "浏览"按钮：用于选择已存盘的图块或图形文件。

◆ "插入点"选项组：指定插入点，插入图块时该点与图块的基点重合。一般该店在屏幕上指定。

◆ "缩放比例"选项组：确定插入图块时的缩放比例。可以在文本框中输入 X、Y、Z 轴三个方向不同的缩放比例，也可以选择"统一比例"，则插入的图块在 X、Y、Z 轴三个方向的缩放比例一直。

◆ "旋转"选项组：指定插入图块时的旋转角度，可以选择在屏幕上指定，也可以在文本框中直接输入插入图块时的旋转角度。

### 4. 多线命令

（1）功能

同时绘制多条相互平行的直线，这些直线的线型可以相同，也可以不同，具体样式由用户按需要自定。

（2）执行方式

在命令行键入"ML"回车，或点击下拉菜单"绘图"→"多线"。

（3）操作格式

命令：ML（MLINE）↙

当前设置：对正 = 上，比例 =20.00，样式 =STANDARD

指定起点或 [ 对正（J）/ 比例（S）/ 样式（ST）]：（给出起点，或输入选项）

指定下一点：（给出第二个点）

指定下一点或 [ 放弃（U）]：（给出第三个点或输入"U"放弃上一段多线）

指定下一点或 [ 闭合（C）/ 放弃（U）]：（给出第四点或键入"C"连接起点形成封闭的图形）

（4）选项说明

◆ 对正（J）：设置绘制时基准轴线的位置。有下级选项，其中，"上（T）"表示基准轴线与前进方向上左侧最外偏移线重合；"无（Z）"表示基准轴线与默认基准轴线重合；"下（B）"表示基准轴线与前进方向上右侧最外偏移线重合。

◆ 比例（S）：设置绘制多线时，相对于原定义多线在宽度方向上的缩放比例。

◆ 样式（ST）：设置当前使用的多线的样式名称，如输入"？"，则列出当前可选的所有多线样式的名称及说明。

### 5. 分解命令

（1）功能

在希望单独修改复合对象的部件时，可分解复合对象。可以分解的对象包括多线、二维多段线、三维多段线、三维实体、注释性对象、阵列、块、体、引线、网格对象、多行文字、多面网格、面域、标注等。

（2）执行方式

在命令行键入"X"回车，或单击修改工具栏 按钮，或点击下拉菜单"修改"→"分解"。

（3）操作格式

命令：X（EXPLODE）↙

选择对象：（点选或框选要分解的对象）

选择对象：（再次点选或框选要分解的对象或用回车结束命令）

### 6. 多行文字命令

（1）功能

可以将若干文字段落创建为单个多行文字对象。用 MTEXT 多行文字命令可书写多行文字，这些文字是一个整体，不再是独立分开的各行。

（2）执行方式

在命令行键入"T"回车，或单击修改工具栏 **A** 按钮，或点击下拉菜单"绘图"→"文字"→"多行文字"。

（3）操作格式

命令：T（MTEXT）↙

当前文字样式："Standard"文字高度：2.5 注释性：否

指定第一角点：（指定矩形框的一个角点）

指定对角点或[高度（H）/对正（J）/行距（L）/旋转（R）/样式（S）/宽度（W）/栏（C）]：

（4）选项说明

◆ 指定对角点

直接在屏幕上点取一个点作为矩形框的第二个角点，AutoCAD 以这两个点为对角点形成一个矩形区域，其宽度作为将来要标注的多行文本的宽度，而且第一个点作为第一行文本顶线的起点。相应后 AutoCAD 将打开多行文字编辑器，可利用此编辑器输入多行文本并对其格式进行设置。

◆ 旋转（R）

确定文本行的倾斜角度。执行此选项，AutoCAD 提示：

指定旋转角度 <0>：（输入倾斜角度）

输入角度值后回车，AutoCAD 将返回到"指定对角点或[高度（H）/对正（J）/行距（L）/旋转（R）/样式（S）/宽度（W）/栏（C）]："提示。

◆ 样式（S）

指定用于多行文字的文字样式。

◆ 宽度（W）

指定文字边界的宽度。如果用定点设备指定点，那么宽度为起点与指定点之间的距离。多行文字对象每行中的单字可自动换行以适应文字边界的宽度。如果指定宽度值为0，词语换行将关闭且多行文字对象的宽度与最长的文字行宽度一致。通过键入文字并按 Enter 键，可以在特定点结束一行文字。要结束命令，请在命令提示下按回车键。

◆ 栏（C）

指定多行文字对象的列选项，有以下三种：

静态：指定总栏宽、栏数、栏间距宽度（栏之间的间距）和栏高。

动态：指定栏宽、栏间距宽度和栏高。动态栏由文字驱动。调整栏将影响文字流，而文字流将导致添加或删除栏。

不分栏：将不分栏模式设置给当前多行对象。

◆ "文字格式"工具栏

用于设置当前多行文字对象的文字格式，可控制多行文字对象的文字样式和选定文字的字符格式和段落格式。

**7. 标注命令**

（1）功能

用于创建水平、垂直、对齐、角度、半径、直接等尺寸标注及文字引线注释。

（2）执行方式

在"标注"下拉菜单点选标注命令，或在任意工具栏鼠标右键单击，点选"标注"，弹出标注工具栏，如图 2-70，列出了"标注"工具栏中每一图标的功能。可将其放置在工具栏空白处。

图 2-70 "标注"工具栏

（3）尺寸标注的类型说明（图 2-71）

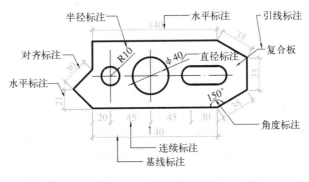

图 2-71 尺寸标注类型

◆ 线性标注（DLI）：标注水平方向或垂直方向的线性尺寸。

◆ 对齐标注（DAL）：可标注出图像倾斜部分的尺寸。

◆ 基线标注（DBA）：在长度和角度尺寸标注中，用于标注一系列基于同一条尺寸界线的尺寸标注。

◆ 连续标注（DCO）：用于标注尺寸线连续或链状的一组线性尺寸或角度尺寸。适用于长度尺寸和角度尺寸。在使用连续标注之前，必须先标注第一个尺寸后才能使用该命令。

◆ 快速标注（QDIM）：可一次选择多个对象同时标注出多个相同类型的尺寸。

◆ 直径标注（DDI）：可在圆或圆弧上标注直径尺寸，并自动带直径符号"ø"。

◆ 半径标注（DRA）：可在圆或圆弧上标注半径尺寸，并自带半径符号"R"。

◆ 角度标注（DAN）：用于标注角度尺寸，角度尺寸线为圆弧。可以标注两条不平行直线之间的夹角、圆弧的中心角及三点确定的角。

◆ 引线标注（LE）：可以用于标注特定的尺寸，如圆角、倒角等，还可以在图中添加多行文字注释、说明。在引线标注中，引线端部可以有箭头，也可以没有箭头。

◆ 弧长标注（DIMARC）：用于测量圆弧或多段线圆弧上的距离。弧长标注的尺寸界线可以正交或径向。在标注文字的上方或前面将显示圆弧符号"⌒"。

【任务实施】

**1. 创建和保存图块**

（1）打开前面任务 2 练习中绘制的"浴缸"，框选整个图形对象，然后在图层控制中点击"0"图层，如图 2-72 所示。

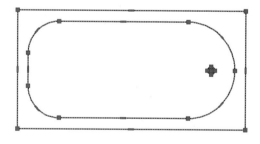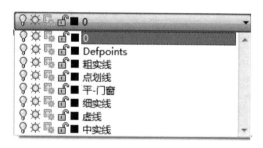

图 2-72　改"浴缸"图形为"0"图层

（2）创建图块"浴缸"。

在命令行键入"B"回车，或在绘图工具栏上单击 按钮，或单击菜单"绘图"→"块"→"创建（M）..."命令，弹出"块定义"对话框，如图 2-73 所示，键入名称为"浴缸"，点选块单位为"毫米"，点击"选择对象" 按钮，框选整个浴缸，按回车键，又弹出"块定义"对话框，点击"拾取点" 按钮，点击浴缸右下角的角点，再次弹出"块定义"对话框，点选"转换为块"，点击确定按钮，完成图块"浴缸"的创建。

图 2-73　块定义对话框

（3）保存图块"浴缸"。

在命令行键入"W"回车，弹出"写块"对话框，如图 2-74 所示，点选"源"为"块"，点击右边下拉菜单▼按钮，点选"浴缸"，再点击"文件名和路径"□□按钮，弹出"浏览图形文件"对话框，如图 2-75 所示，选择保存在"图块"目录下，键入文件名为"浴缸"，点击保存按钮，回到"写块"对话框，点击确定按钮，完成图块"浴缸"的保存。

图 2-74　写块对话框

图 2-75　浏览图形文件对话框

（4）创建、保存洗脸盆、坐便器图块。

打开前面任务一"洗脸盆"和练习"坐便器"文件，重复（1）（2）（3）操作，其中创建块的"拾取点"如图 2-76 所示，将两个块分别以"洗脸盆"、"坐便器"为名，均保存在"图块"目录下。

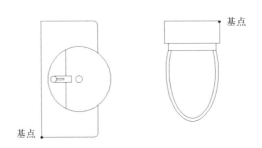

图 2-76　创建洗脸盆、坐便器图块的基点

【学习提示】

（1）创建块的图形对象，我们一般将它放在"0 图层"，并将"0 图层"作为当前图层。这样做，可以让后面使用块时，所插入的图块的图层变成当前图层。

（2）"创建块"时，"拾取点"的选取非常关键，直接影响到所创建的块在后面插入环节使用的好坏。一般来说，我们选择图形边缘的端点或中点为宜。

（3）当前图形中定义的图块只能保留在当前图形中，且只能在当前图形中使用，必须将该图块以图形文件的形式存入磁盘，才可以在其他图形文件中调用。

**2. 新建文件并设置绘图环境**

新建图形文件，设置图形界限大小为 $10000 \times 8000$，按图 1-26 图层练习要求设置图层。

### 3. 绘制墙体

（1）以"W"为名设置墙线样式。

在命令行键入"MLST"回车，或单击菜单"格式"→"多线样式"，弹出"多线样式"对话框，点击新建按钮，弹出"创建新的多线样式"对话框，如图 2-77，键入"W"为新样式名，点击继续按钮，弹出"新建多线样式：W"对话框，如图 2-78，检查"图元"为"0.5""-0.5"两个图元，点击确定按钮。

图 2-77 多线样式

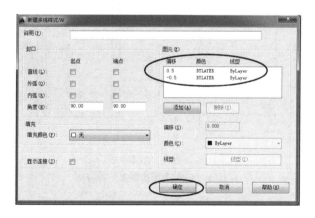

图 2-78 设置多线样式：W

（2）以"C"为名设置窗线样式。

完成墙线"W"样式设置之后，又回到"多线样式"对话框，以"C"为新样式名，点击添加按钮，分别添加"偏移"值为"0.15"（图 2-79（a））与"-0.15"（如图 2-79（b））两个图元值。检查确定"图元"为"0.5""0.15""-0.15""-0.5"四个图元，点击确定按钮，再次回到"多线样式"对话框，点击确定按钮，结束设置。

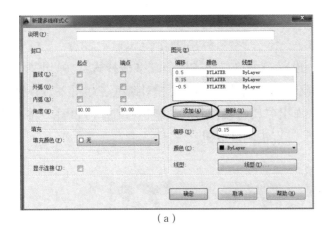 

（a） （b）

图 2-79 设置多线样式：C

(a) 添加 "0.15" 图元；(b) 添加 "-0.15" 图元

（3）绘制定位轴线。

在图层控制中点选"点划线"作为当前图层。用"直线"命令，绘制水平长 2700，垂直长 3900 的定位轴线。用"偏移"命令，分别偏移"2100"和"3300"，得到四条定位轴线。如图 2-80（a）所示。

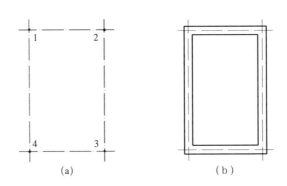

（a） （b）

图 2-80 绘制墙线

(a) 定位轴线；(b) 绘制闭合的墙线

（4）绘制闭合的墙线。

在图层控制中点选"粗实线"作为当前图层，用"多线"命令绘制墙线。

命令：ML ↙

当前设置：对正 = 上，比例 =20.00，样式 =STANDARD

指定起点或 [ 对正（J）/ 比例（S）/ 样式（ST）]：（键入 st）↙

输入多线样式名或 [ ? ]：（键入 w）↙

指定起点或 [ 对正（J）/ 比例（S）/ 样式（ST）]：（键入 j）↙

输入对正类型 [ 上（T）/ 无（Z）/ 下（B）]< 上 >：（键入 z）↙

指定起点或 [ 对正 (J) / 比例 (S) / 样式 (ST) ]：（键入 s）✔

输入多线比例 <20.00>：（键入 240）✔

指定起点或 [ 对正 (J) / 比例 (S) / 样式 (ST) ]：（点击图 2-80 (a) 中点 "1"）

指定下一点：（点击图 2-80 (a) 中点 "2"）

指定下一点或 [ 放弃 (U) ]：（点击图 2-80 (a) 中点 "3"）

指定下一点或 [ 闭合 (C) / 放弃 (U) ]：（点击图 2-80 (a) 中点 "4"）

指定下一点或 [ 闭合 (C) / 放弃 (U) ]：（键入 c，如图 2-80 (b)）✔

### 4. 绘制门洞、窗洞

（1）用偏移命令，依次设置偏移距离为 "1100"、"750"，利用轴线偏移出门洞、窗洞位置的辅助线，用直线命令，绘制出门洞、窗洞的位置线，如图 2-81 (a) 所示。

（2）用分解命令炸开墙线，用修剪命令将门和窗位置多余的粗实线修剪掉，如图 2-81 (b)。

命令：X ✔

选择对象：（点选墙体）✔

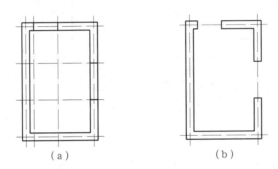

(a)                    (b)

图 2-81  绘制门洞、窗洞

(a) 偏移定位轴线，画门窗洞线；(b) 修剪洞口

### 5. 绘制门、窗

（1）绘制门扇线。

在图层控制中点选 "中粗实线" 作为当前图层。右键单击 按钮，点选 "45" 追踪角度。如默认状态中无 "45" 追踪角度，则自行设置一个 "45" 的附加角。以图 2-82 中点 "1" 作为直线的起点绘制长度为 "750" 的 45° 斜线。

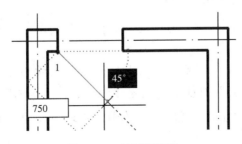

图 2-82  绘制门扇线

（2）绘制门的开启线。

用"圆弧"命令以图 2-83（a）中"2"作为起点，"3"作为端点，"1"作为圆心绘制圆弧，如图 2-83（b）。

命令：A ↙

圆弧创建方向：逆时针（按住 Ctrl 键可切换方向）。

指定圆弧的起点或 [ 圆心（C）]：（点击图 2-83（a）中"2"）

指定圆弧的第二个点或 [ 圆心（C）/ 端点（E）]：（键入 e）↙

指定圆弧的端点：（点击图 2-83（a）中"3"）

指定圆弧的圆心或 [ 角度（A）/ 方向（D）/ 半径（R）]：（点击图 2-83（a）中"1"）

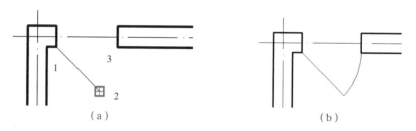

图 2-83　画门的开启线
(a) 圆弧的起点、端点、圆心；(b) 完成圆弧

（3）绘制窗。

在图层控制中点选"中实线"作为当前图层，用"多线"命令绘制窗线。

命令：ML ↙

当前设置：对正 = 无，比例 =240.00，样式 =W

指定起点或 [ 对正（J）/ 比例（S）/ 样式（ST）]：（键入 st）↙

输入多线样式名或 [？]：（键入 c）↙

指定起点或 [ 对正（J）/ 比例（S）/ 样式（ST）]：（点击图 2-84 中"1"）

指定下一点：（点击图 2-84 中"2"）↙

图 2-84　画窗线

### 6. 插入图块

（1）插入图块"浴缸"。

在命令行键入"I"回车，或在绘图工具栏上单击 按钮，或点击下拉菜单"插入"→"块."弹出"插入"对话框，如图 2-85（a），点选名称为"浴缸"的图块，点击"确定"按钮，在屏幕上点击插入点，如图 2-85（b）。再在浴缸与墙之间用直线绘制一个平台。

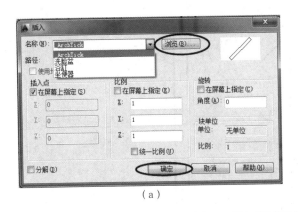
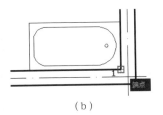

（a）　　　　　　　　　　　　　　　　（b）

图 2-85　插入浴缸图块

（a）插入对话框；（b）放置浴缸

（2）插入图块"洗脸盆"。

在命令行键入"I"回车，或在绘图工具栏上单击 🖵 按钮，弹出"插入"对话框，如图 2-86（a），点选名称为"洗脸盆"的图块，在右边预览框里我们会发现它的方向与我们摆放的方向不一致，所以必须键入旋转角度为"90"，点击确定按钮，在屏幕上插入到相应位置，如图 2-86（b）。

（3）插入图块"马桶"。

采用同样的方法插入"马桶"。再在浴缸与墙之间用直线绘制一个平台。

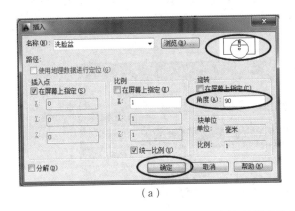
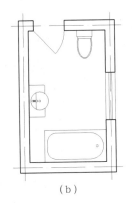

（a）　　　　　　　　　　　　　　　　（b）

图 2-86　插入洗脸盆和马桶

（a）插入对话框；（b）放置洗脸盆和马桶

### 7. 填充防滑砖

用直线命令在门跺处绘制一条高差线，然后用"图案填充"命令填充"ANGLE"图例，如图 2-87。

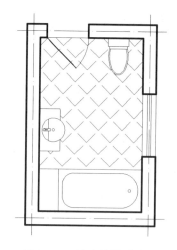

图 2-87 填充防滑砖地面

**8. 标注尺寸**

（1）新建"尺寸标注"标注样式。

在命令行键入命令"D"回车，或单击菜单"标注"→"标注样式"命令，弹出"标注样式管理器"对话框，如图 2-88 所示，点击 新建(N)... 按钮，弹出"创建新标注样式"对话框，在"新样式名"键入"标注样式"，点击 继续 按钮，弹出"新建标注样式：尺寸标注"对话框，如图 2-89 所示，在"线"选项卡中的"超出标记"键入"0"，在"基线间距"键入"8"，在"超出尺寸线"键入"3"，在"起点偏移量"键入"2"。

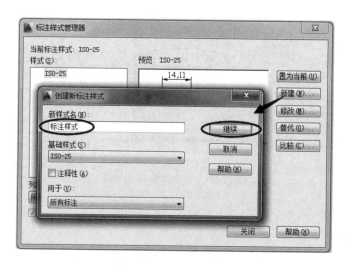

图 2-88 新建标注样式

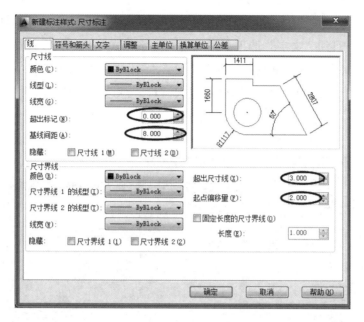

图 2-89 "新建标注样式：尺寸标注"对话框

点击"符号和箭头"选项卡，如图 2-90，点选第一个箭头为"建筑标记"，第二个箭头为"建筑标记"，引线点选"实心闭合"，"箭头大小"键入"1.5"。

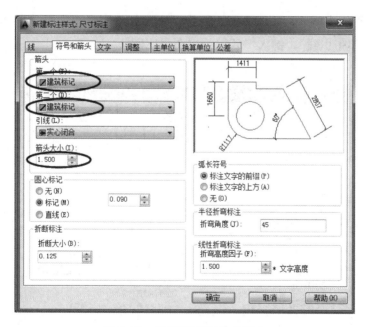

图 2-90 "符号和箭头"选项卡

点击"文字"选项卡，如图 2-91，点击"文字样式"右边的 按钮，弹出"文字样式"对话框，新建一个"样式名"为"尺寸标注"的文字样式，点选字体名为

"romans.shx"，"高度"键入"0"，"宽度因子"键入"0.7"，点击 置为当前(C) 按钮，再点击 关闭(C) 按钮。回到"文字"选项卡，点选"文字样式"为"尺寸标注"，"文字高度"键入"2.5"。在文字位置"垂直"处点选"上"，"水平"处点选"居中"，"观察方向"点选"从左到右"，在"从尺寸线偏移"键入"1"。点选"与尺寸线对齐"作为文字对齐的方式。

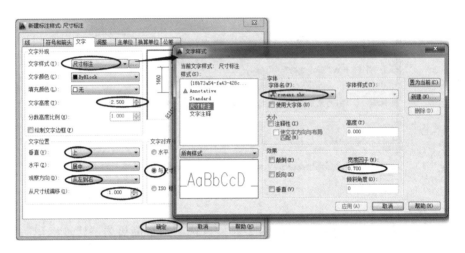

图 2-91 "文字"选项卡

点击"调整"选项卡，如图 2-92，点选"文字始终刚保存在尺寸界线之间"，点选"尺寸线上方，不带引线"，键入"50"为"全局比例"。

图 2-92 "调整"选项卡

点击"主单位"选项卡，如图 2-93，点选"单位格式"为"小数"，"精度"为"0"，"比例因子"为"1"。点击 确定 按钮，回到"标注样式管理器"，如图 2-94 所示，点击 置为当前(U) 按钮，将"尺寸标注"作为当前标注样式，最后点击 关闭 按钮，完成尺寸标注样式的设置。

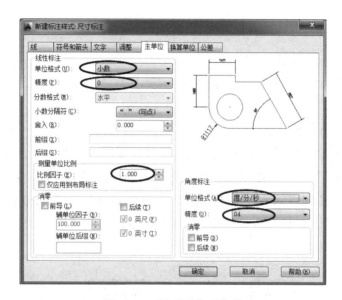

图 2-93　"主单位"选项卡

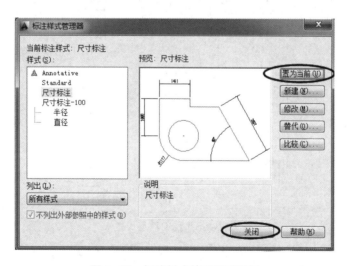

图 2-94　标注样式管理器对话框

【学习提示】

如果是用于标注角度、半径和直径，"箭头"选项应选为"实心闭合"。

（2）打开标注工具栏。

在任意工具栏鼠标右键单击，点选"标注"，弹出标注工具栏，如图 2-95。

图 2-95　标注工具栏

（3）绘制纵向尺寸标注。

在命令行键入"DLI"回车，或在标注工具栏单击 ⊢ 按钮，或单击菜单"标注"→"线性（L）"命令，依次点击图 2-96（a）中点"1"、"2"，鼠标向右拖曳左键单击，如图 2-96（b）所示。

在命令行键入"DCO"回车，或在标注工具栏单击 ⊩ 按钮，或单击菜单"标注"→"连续（C）"命令，依次点击图 2-96（c）中点"3"、"4"，鼠标向右拖曳左键单击，使之与第一个尺寸对齐，如图 2-96（d）所示。再利用"基线标注"DBA 和"连续标注"DCO 命令，绘制出第二道尺寸标注。如图 2-96（e）所示。

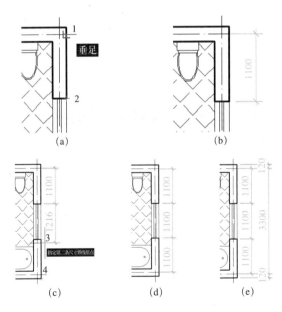

图 2-96　绘制垂直尺寸

(a) 点击"1""2"；(b) 画出第一个尺寸；(c) 点击"3""4"连续标注；(d) 完成一道尺寸线；(e) 画第二道尺寸

（4）绘制横向尺寸标注。

用"线性（L）"命令，依次点击图 2-97（a）中点"1"、"2"，鼠标向下拖曳左键单击，如图 2-97（b）。

重复"线性标注"和"连续标注"命令，再绘制出上方的尺寸标注。

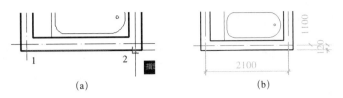

图 2-97　绘制水平尺寸

（a）点击"1""2"；（b）完成下方水平尺寸

（5）调整尺寸标注。

从图 2-98（a）中发现，有些尺寸数字之间或与尺寸界线重叠在一起。我们可以点选这些需调整的尺寸，单击文字夹点，如图 2-98（a）所示，拖动到合适位置，如图 2-98（b）所示。最后写上图名完成整个卫生间平面图的绘制，如图 2-99 所示。

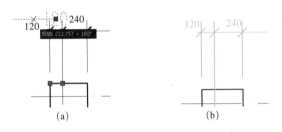

图 2-98　移动尺寸数字

（a）点击尺寸数字间的夹点；（b）拖动夹点至最佳位置

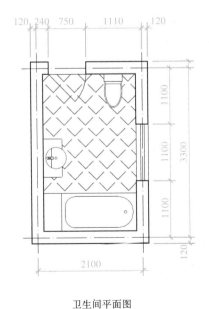

卫生间平面图

图 2-99　完成尺寸标注和图名的绘制

【学习提示】

标注尺寸时，为了提高标注速度，通常都是先利用"线型标注"和"对齐标注"先标注出每道尺寸线上的第一个尺寸，再利用"连续标注"配合"选择（S）"选项，快速标注出剩下的尺寸。

### 9. 保存文件

以"卫生间平面图"，为文件名保存文件到相应保存目录。

【技能训练】

1. 将前面【技能训练】中的壁灯、淋浴花洒头、洗手盆、卷纸器、洗衣机、装饰吊灯、电视、坐便器、方形洗脸盆、石膏线、电冰箱、壁灯，分别创建成块，并将块同名保存块。

2. 根据图 2-100 尺寸在 0 图层绘制以下家具，并分别创建块，并以"餐桌"、"床组合"、"沙发"、"单人床组合"、"床组合立面"为块名保存块。

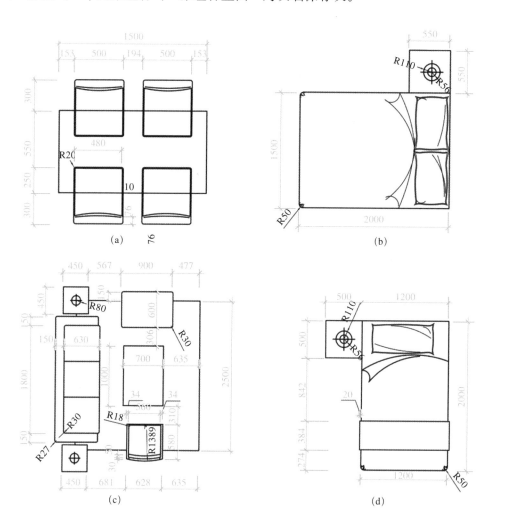

(a)          (b)

(c)          (d)

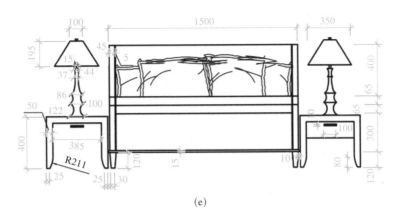

(e)

图 2-100　餐桌、床组合、沙发、单人床组合、床组合立面

3. 根据图 2-101 尺寸在 0 图层绘制以下推拉门立面，并创建块，并以"推拉门立面"为块名保存块。

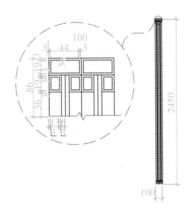

图 2-101　推拉门立面

4. 参照任务七新建绘图环境和设置文字样式及尺寸标注样式，根据图 2-102 尺寸绘制卧室平面及尺寸，自行添加家具，并保存文件名为"卧室"的图形文件。

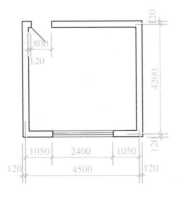

图 2-102　卧室平面

## 【评价】

任务评价表

| | 评价内容 | | 评价 | | | |
|---|---|---|---|---|---|---|
| | | | 很好 | 较好 | 一般 | 还需努力 |
| 学生自评（40%） | 运用已学知识 | 设置基本绘图环境 | | | | |
| | | 绘制直线 | | | | |
| | | 绘制圆弧 | | | | |
| | | 偏移对象 | | | | |
| | | 图案填充 | | | | |
| | | 文字样式的设置 | | | | |
| | | 极轴追踪的设置 | | | | |
| | | 夹点编辑 | | | | |
| | | 保存图形文件 | | | | |
| | 掌握新功能操作 | 创建、保存、插入图块 | | | | |
| | | 多线样式的设置 | | | | |
| | | 绘制多线（墙） | | | | |
| | | 绘制多线（窗） | | | | |
| | | 文字样式的设置 | | | | |
| | | 标注样式的设置 | | | | |
| | | 绘制尺寸标注 | | | | |
| | | 多行文字命令 | | | | |
| | 绘图速度 | 按时完成任务及练习 | | | | |
| 组间互评（20%） | 整组完成效果 | 任务及练习的完成质量 | | | | |
| | | 任务及练习的完成速度 | | | | |
| | 小组协作 | 组员间的相互帮助 | | | | |
| 教师评价（40%） | 识图能力 | 读图、读尺寸 | | | | |
| | 命令的掌握 | 对已学命令在本任务中的应用 | | | | |
| | | 新命令的运用 | | | | |
| | 绘图方法 | 绘制图形所采用的方法和步骤 | | | | |
| | 完成效果 | 图形的准确性 | | | | |
| 综合评价 | | | | | | |

【知识链接】

### 1. 基本卫生设备参考尺寸

| 设备名称 | 型号 | 外形平面标志尺寸（长×宽） |
| --- | --- | --- |
| 浴盆 | 小型<br>中型 | 1200×700<br>1500×720 |
| 洗面器 | 小型<br>中 1 型<br>中 2 型 | 460×360<br>510×410<br>560×460 |
| 大便器 | 蹲便器<br>坐便器 | 610～640×280～430<br>740～780×420～500（组合尺寸）<br>680～740×380～540（连体式） |
| 洗衣机 | 双缸<br>全自动 | 700×420<br>600×600 |
| 镜箱或镜子 | 小型<br>中 1 型<br>中 2 型 | 450×350<br>500×400<br>550×450 |

### 2. 制图标准中尺寸标注的相关规定

（1）尺寸界线一般应与被注长度垂直，其一端应离开图样轮廓线不应小于 2mm，另一端宜超出尺寸线 2～3mm，如图 2-103（a）。图样轮廓线可用作尺寸界线。

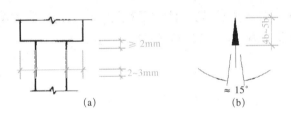

图 2-103　尺寸标注要求

（2）尺寸起止符号一般用中粗斜短线绘制，其倾斜方向应与尺寸界线成顺时针 45°角，长度宜为 2～3mm。半径、直径、角度与弧长的尺寸起止符号，宜用箭头表示，如图 2-103（b）所示。

（3）尺寸数字一般应依据其方向注写在靠近尺寸线的上方中部。如没有足够的注写位置，最外边的尺寸数字可注写在尺寸界线的外侧，中间相邻的尺寸数字可上下错开注写，引出线端部用圆点表示标注尺寸的位置。如图 2-104 所示。

图 2-104　尺寸数字注写位置

（4）图样轮廓线以外的尺寸线，距图样最外轮廓之间的距离，不宜小于 10mm。平行排列的尺寸线的间距，宜为 7～10mm，并应保持一致。

# 项目 3
## 绘制建筑施工图

【项目概述】

　　一套完整的施工图，根据其专业内容不同，一般分为建筑施工图、结构施工图、设备施工图等，其中建筑施工图主要用来表示房屋的规划位置、外部造型、内部布置、细部构造、固定设施、施工要求等，它是房屋施工的依据，也是其他专业设计的基础，通常包括总平面图、平面图、立面图、剖面图和构造详图等。

　　本项目中，通过使用 AutoCAD 软件对建筑施工图不同内容的演示操作讲解，学习建筑施工图的绘制步骤及方法，掌握整套建筑施工图的绘制。

## 任务 1　绘制建筑平面图

【任务描述】

　　建筑平面图表示的是建筑物在水平方向各部分的组合关系，包括轴线、柱子、墙体、门窗、楼梯、阳台、尺寸标注、文字说明等内容，一般建筑设计都会从平面设计入手。

　　通过使用 AutoCAD 进行如图 3-1"首层建筑平面图"实例的绘制，学习轴线、柱、墙、门窗、楼梯、尺寸、标高、文字等绘制的步骤和方法，介绍一些绘制的技巧及注意事项，掌握建筑平面图的绘制要点。进而通过技能练习，独立完成"二层建筑平面图"的抄绘。

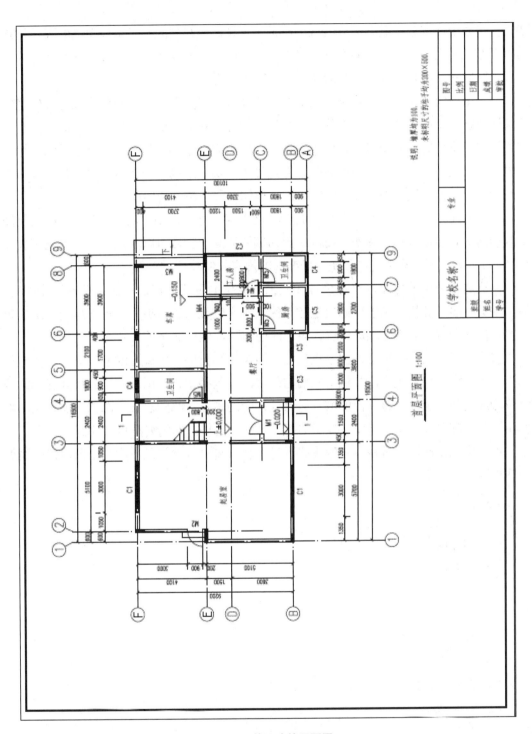

图 3-1 首层建筑平面图

【学习支持】

建筑平面图是通过使用一个假想的水平面，将建筑物在楼层的门窗洞口处作水平剖切后，移去上面部分，剩余部分的从上向下作正投影而得到的水平剖面图。它表示建筑的平面形式、大小尺寸、房间布置、建筑入口、门厅及楼梯布置的情况，标明墙、柱的位置、厚度和所用材料以及门窗的类型、位置等情况。

为了保证绘图质量，建筑施工图中的图线要求粗细有别，层次分明。按现行建筑制图标准规定，平面图中被剖切到的主要构配件如柱、墙的轮廓线用粗实线绘制，没有被剖切到的可见轮廓线如踏步、栏板、窗台等用中粗实线绘制，尺寸线、尺寸界限、标高符号、引出线、索引符号、地面高差分界线等用中实线绘制，图例填充线、家具等用细实线绘制，定位轴线用细单点长画线绘制，剖切符号用粗实线绘制。

在平面图中一般被剖切到的断面应绘制出材料图例，但在小于 1：100 的小比例图中剖切到的砖墙通常不画图例，而剖切到的钢筋混凝土构件可以涂黑表示。当比例大于 1：50 时，则按照房屋建筑制图统一标准中的规定绘制建筑材料图例。

建筑施工图中的定位轴线是设计和施工中定位的重要依据，凡是承重的构件如柱、墙、主梁、屋架等构件都需要画出定位轴线来确定位置并进行编号，对于隔墙、次梁等次要构件，有时需要用分轴线定位，或者注明与附近轴线的相关尺寸。

在建筑平面图中一般会标注三道尺寸，距离建筑物外轮廓最近的第一道尺寸通常标示外墙门、窗洞口的宽度以及洞口间墙与轴线的位置关系，中间的第二道尺寸标示的是定位轴线之间的距离，最外面的第三道尺寸标示的是建筑物的总长、总宽。还会在内部标示一些局部尺寸，比如墙厚、柱子的断面尺寸、内墙上的门窗洞口尺寸等。

绘制建筑平面图通常按以下的步骤进行，各人可以根据自己不同的绘图习惯适当做一些调整：

1. 设置绘图环境
2. 绘制定位轴线
3. 绘制柱网
4. 绘制墙体
5. 绘制门窗
6. 绘制楼梯等细部
7. 标注尺寸、标高
8. 标注文字
9. 添加轴线标号
10. 添加图框标题栏

【任务实施】

**1. 设置绘图环境**

绘图前需要设置与所绘图形相匹配的绘图环境，设置的内容包括绘图的区域、图层、文字样式、标注样式等，具体的做法前面已做详细介绍。AutoCAD 提供了很多带有图框的样板文件，已设置好常见的参数，可以根据需要选用。由于国家房屋建筑制图统一标准对建筑施工图的绘制有明确的规定，建筑施工图中平面图、立面图、剖面图等常采用相同的设置，可以按规范要求，通过尝试确定比较合理的参数，保存为自己常用的样板文件，以便在将来需要使用时直接调用。建筑模板文件的设置主要是用于建筑图形文件绘制的方便而设置的模板。里面应包括国家制图规范所要求的对计算机制图的要求。因此在设定模板时，应先将需要进行格式设定的部分先设置好，以便绘制图形时不需要边画边设定，而且也适合计算机建筑制图的标准化。

（1）新建文件

单击菜单"文件"→"新建"命令，或使用快捷键"Ctrl+N"，或在标准工具栏上单击 按钮，打开"选择样板"对话框。在该对话框中，选中名称列表中的样板文件"acadiso.dwt"，单击"打开"按钮，创建新图形文件。

（2）设置图形单位

在命令行键入"UN"，或单击菜单"格式"→"单位"命令，在"图形单位"对话框中设置绘图时使用的长度和角度的类型及精度，并设置"单位"为毫米。

（3）设置图层

在命令行键入命令"LA"，或在工具栏上单击 按钮，或单击菜单"格式"→"图层"命令，在弹出对话框中，单击 按钮，新建图层如图 3-2 所示。

| 状 | 名称 ▲ | 开 | 冻结 | 锁.. | 颜色 | 线型 | 线宽 |
|---|---|---|---|---|---|---|---|
| ✔ | 0 | ♀ | ☼ | 🔓 | ■白 | Continuous | —— 默认 |
| 🖉 | Defpoints | ♀ | ☼ | 🔓 | ■白 | Continuous | —— 默认 |
| 🖉 | text | ♀ | ☼ | 🔓 | □绿 | Continuous | —— 默认 |
| 🖉 | 立-楼梯 | ♀ | ☼ | 🔓 | □黄 | Continuous | —— 默认 |
| 🖉 | 立-门窗 | ♀ | ☼ | 🔓 | □绿 | Continuous | —— 默认 |
| 🖉 | 立剖一粗 | ♀ | ☼ | 🔓 | ■白 | Continuous | —— 默认 |
| 🖉 | 立剖一细 | ♀ | ☼ | 🔓 | □绿 | Continuous | —— 默认 |
| 🖉 | 立剖一中 | ♀ | ☼ | 🔓 | □青 | Continuous | —— 默认 |
| 🖉 | 立-阳台 | ♀ | ☼ | 🔓 | ■洋红 | Continuous | —— 默认 |
| 🖉 | 内部尺寸 | ♀ | ☼ | 🔓 | ■蓝 | Continuous | —— 默认 |
| 🖉 | 平-结构填充 | ♀ | ☼ | 🔓 | ■8 | Continuous | —— 默认 |
| 🖉 | 平-楼梯 | ♀ | ☼ | 🔓 | □黄 | Continuous | —— 默认 |
| 🖉 | 平-门窗 | ♀ | ☼ | 🔓 | □绿 | Continuous | —— 默认 |
| 🖉 | 平-墙 | ♀ | ☼ | 🔓 | ■白 | Continuous | —— 默认 |
| 🖉 | 平-散水 | ♀ | ☼ | 🔓 | □黄 | Continuous | —— 默认 |
| 🖉 | 平-屋顶 | ♀ | ☼ | 🔓 | □黄 | Continuous | —— 默认 |
| 🖉 | 平-阳台 | ♀ | ☼ | 🔓 | ■洋红 | Continuous | —— 默认 |
| 🖉 | 平-柱 | ♀ | ☼ | 🔓 | ■白 | Continuous | —— 默认 |
| 🖉 | 特细-填充 | ♀ | ☼ | 🔓 | ■8 | Continuous | —— 默认 |
| 🖉 | 图框 | ♀ | ☼ | 🔓 | ■白 | Continuous | —— 默认 |
| 🖉 | 外部尺寸 | ♀ | ☼ | 🔓 | □绿 | Continuous | —— 默认 |
| 🖉 | 轴线 | ♀ | ☼ | 🔓 | ■红 | ACAD_ISO04W100 | —— 默认 |

图 3-2　图层名称、颜色及线型设置结果

[""]

（4）设置文字样式

在命令行中键入"ST"回车，或点击菜单"格式"→"文字样式"，给文字注释设定文字样式，再创建"尺寸标注"文字样式，点击确定并关闭文字样式选项卡。

（5）设置尺寸标注样式

◆　按项目二的方法设定尺寸标注标式，新标注样式的名称为"尺寸标注"。将全局比例的数字调整为10。

◆　增加直径和半径标注方式。

键入："D"，空格，弹出"标注样式管理器"，点击"新建"，出现"创建新标注样式"管理器。新样式名中键入"直径"。基础样"尺寸标注"，点击"用于"下拉三角形，选择"直径标注"，如图3-3所示。点击"继续"。

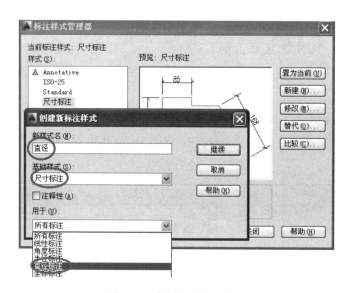

图3-3　直径标注样式设定

点击"继续"后，出现"新建标注样式：尺寸标注：直径"对话框。点击"符号和箭头"选项卡，将箭头样式改为实心三角形箭头，这时从预览框中我们发现，直径标注样式已改为三角形箭头样式，如图3-4所示。

图3-4　直径标注箭头样式

重复上述步骤，创建半径的标注样式。键入："D"，空格，弹出"标注样式管理器"，点击"新建"，出现"创建新标注样式"管理器。新样式名中键入"半径"。基础样"尺寸标注"，点击"用于"下拉三角形，选择"半径标注"。在"符号和箭头"选项卡中，将箭头样式改为实心三角形箭头。

直径和半径标注样式设置好后，标注样式管理器中"尺寸标注"下方会出现"直径"和"半径"两个副标注样式，如图3-5所示。

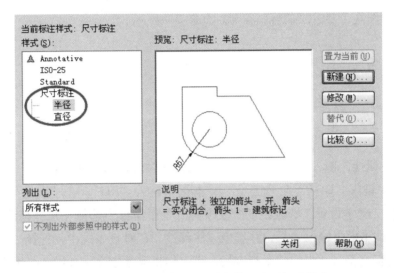

图 3-5 出现"直径"和"半径"两个副标注样式

（6）创建 A4 图框并做块。

◆ 将当前层设为"0"层，凡是创建图块，一定要在"0"图层绘制图形。

◆ 用绘图命令及修改命令绘制 A4 图框，如图3-6。

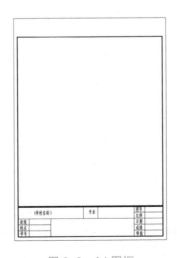

图 3-6 A4 图框

◆ 键入"B"（创建块）命令，弹出块定义对话框，在"名称"文本框中键入块的名称"A4"。在"基点"选项组中，单击"拾取点"⬚按钮，在绘图区中点图框左下角的点为基点即块的插入点，然后返回对话框。在"对象"选项组中，单击"选择对象"⬚按钮，在绘图区中全选 A4 图框，然后返回对话框点确认，创建完 A4 图块。然后，用删除命令将屏幕上的 A4 图框删除掉。

（7）标高属性块

◆ 将当前层设为"0"层。

◆ 按制图规范要求绘制标高符号，如图 3-7 所示。

图 3-7　标高符号　　　　　　　　　图 3-8　标高属性定义

◆ 定义属性，键入：ATT，弹出"属性定义"对话框，在"属性"选项组的"标记"文本框中键入"BG"，在"提示"文本框中键入"BG"，在"默认"文本框中输入"BG"；在"文字设置"选项组的"文字样式"下拉框中选择"尺寸标注"选项，在"文字高度"文本框中输入"3"，并选中"注释性"在对正方式中，选择"右对齐"，如图 3-9，并在标高符号适当的位置指定插入点，结束属性定义，如图 3-8 所示。

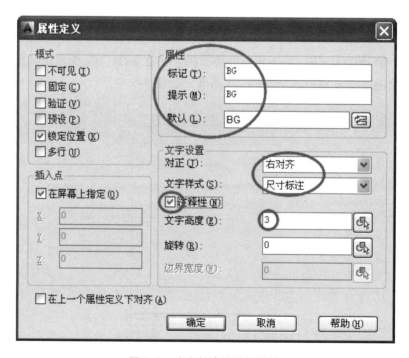

图 3-9　定义标高符号的属性

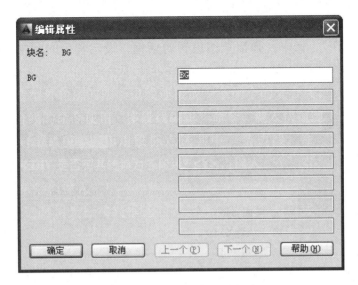

图 3-10 完成"BG"块的创建

◆ 创建标高图块。用创建块命令，创建标高块块名"BG"。插入点选择三角形的顶点位置。创建块后，点确定，出现"编辑属性"对话框，如图 3-10 所示，直接点击确定完成"BG"块的创建。

【学习提示】

标高属性块的创建，主要是方便在插入标高时，对标高值进行动态输入。绘制时是按制图规范要求 1 : 1 绘制，文字高度也按制图规范要求设定。

在模型空间插入标高图块时，应注意按图形的出图比例放大插入。如果大样图的出图比例是：1 : 5，在插入标高块时，就需要将比例放大至 5 倍，如图 3-11 所示。

图 3-11 插入"BG"块

（8）设定草图设置

◆　键入"SE"，回车，弹出草图设置对话框，设定常用的对象捕捉，如图3-12所示。

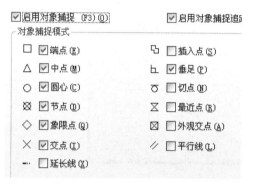 

图3-12　设定常用的对象捕捉　　　　　　图3-13　设定极轴追踪

◆　点击"极轴追踪"选项卡，将增量角设为"45"度，勾中"启用极轴追踪"。如图3-13所示。

（9）线型设置

键入LT，弹出线型管理器，加载"ACAD_ISO02W100"（虚线）和"ACAD_ISO04W100"（点划线）两种线型，并将全局比例因子设定为"5"。

（10）保存样板文件

◆　单击菜单"文件"→"另存为"命令，或使用快捷键"Ctrl+Shift+S"，或在标准工具栏上单击■按钮，打开"图形另存为"对话框。在该对话框中，进入到相应保存目录，在文件名键入"建筑图模板"，点击"文件类型"下拉框，选择"*.dwt"文件格式，单击"保存"按钮，保存文件，如图3-14。

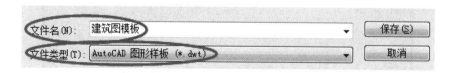

图3-14　保存样板文件

◆　点击保存后，弹出"样板选项"对话框，按图3-15设置。

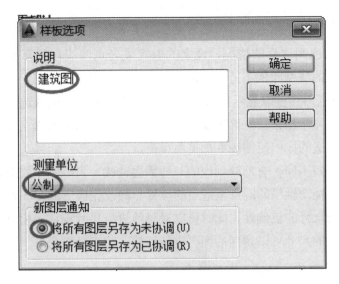

图 3-15　设置样板选项

【学习提示】

由于图纸的大小和比例不同，在绘图过程中可以对设置进行调整以满足绘图要求，但不建议每次绘图都使用不同的参数设置。

2. 打开"建筑图模板文件 .dwt"，另存为"首层平面图 .dwg"开始绘图。

3. 绘制定位轴线

点击"图层控制"工具条的三角下拉箭头，将"轴线"图层置为当前图层。按 F8 键打开正交状态。利用直线命令绘制最左和最下两条轴线，直线的长度应该比绘制的建筑物尺寸大一些，或者键入"XL"绘制构造线，在轴线网绘制完成后再修剪至合适的长度。

按照图中的尺寸，对轴线进行偏移，偏移完成后如图 3-16（a）所示。

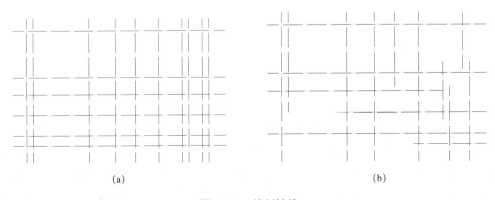

(a)　　　　　　　　　　　　　　　　　　　　　　(b)

图 3-16　绘制轴线
(a) 偏移轴线；(b) 调整轴线长短

【学习提示】

绘图时有时会遇到这样的情况，设定的虚线或者点画线在屏幕上显示出来的是实线，这是因为设置的线型比例不适当造成的，可以在"线型管理器"对话框中调整"全局比例因子"，使点画线可以显示出来，如果在对话框中看不到该选项，可以点击"显示细节"按钮使它显示出来。一般来说全局比例因子与打印的比例是相适应的，也可以多次尝试，设定合适的比例使图线更加美观规范。

由于墙体的长短不同，有部分轴线的长短需要修改，可以利用修剪命令剪短，或直接使用夹点编辑来拖动轴线的端点至适当的位置。修改完成后如图 3-16（b）所示。

为了确保轴线尺寸的正确性，此时可以对轴线进行尺寸标注，检查轴线间的距离是否正确无误，其余的尺寸可以留到后面再进行标注。将"外部尺寸"设为当前图层，标注完成后如图 3-17 所示。

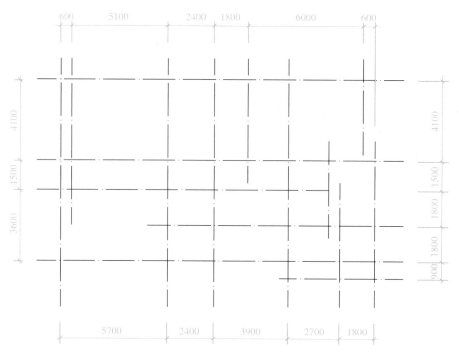

图 3-17　轴线尺寸标注完毕

#### 4. 绘制柱网

柱子的绘制比较简单，通常利用矩形命令绘制柱子的外轮廓线，再利用填充命令即可完成一个柱子，再利用复制、旋转等命令完成柱网的绘制。将"平—柱"图层设为当前图层，本例中除了 E 轴的两条柱子以外，其余的柱子的截面全部是 $200 \times 500$。为了方便精准地确定柱子的位置，也可以在所有的墙、柱都画完以后再填充柱子的断面，如图 3-18 所示。

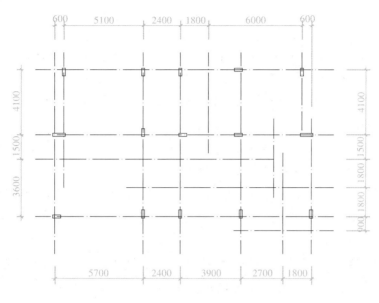

图 3-18  绘制柱网

### 5. 绘制墙体

墙体通常利用多线命令完成。将"平—墙"图层设为当前层，打开对象捕捉设置端点和交点捕捉方式，方便绘图时确定墙体的起点和终点。在执行多线命令时，选择名称为"W"的多线样式，本例中所有的墙体厚度均为 200，因此比例确定为 200，本例中墙体的中线与轴线对齐，所以对正方式选"无"。按照图纸中墙体的位置，先不考虑门窗洞口的位置，绘制墙线如图 3-19 所示。

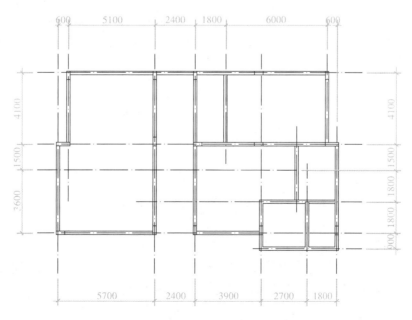

图 3-19  绘制墙体

【学习提示】

当内外墙厚不同时，比如外墙厚度为180，内墙厚度为120，可以先设定多线比例为180，画完所有的外墙后，把多线比例改成120再画所有的内墙。在绘制墙体的过程中还需要留意墙体是哪个位置与轴线对齐，特别是外墙，根据不同的对齐位置需要调整多线的对正类型。

此时墙线相交的位置还需要修剪，因为使用多线绘制的墙体，不能用普通的编辑修改命令，双击需要编辑的多线将打开"多线编辑"对话框，利用"T形打开"、"角点结合"、"十字打开"等功能对多线进行编辑操作，效果如图3-6中显示的墙体。对一些用多线编辑命令编辑困难的墙线，用"分解"命令打散后，就可以用普通的编辑命令进行修改，无需纠结。

墙线处理完毕，可以对柱子断面进行填充，分别填充则每个柱子填充的部分是互相独立的，方便修改。完成后如图3-20所示。

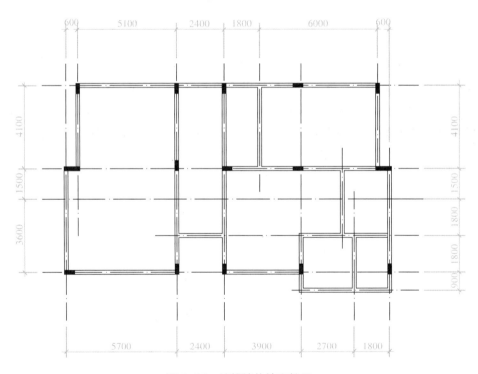

图3-20 编辑墙体填充柱子

### 6. 绘制门窗

首先把"平—门窗"设为当前层，绘制门窗前需要先开门窗洞口，通常是根据洞口与轴线的距离偏移轴线，再进行修剪形成洞口如图3-21所示。

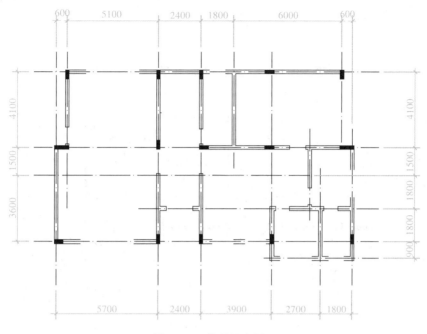

图 3-21　修剪门窗洞口

　　门扇的大小和开启的方向各有不同，用直线命令和圆弧命令很容易画，相同的门可以通过复制和旋转完成。也可以把不同开启方向的门扇与开启线做成块保存起来，按需要插到适当的位置。

　　窗可以用封口的多线来画，但由于窗洞边缘、窗台、窗中间的图例线采用的是不同粗细的线绘制，用多线没办法分清楚粗细线型，通常可以按以下的线型画一个宽度与外墙厚度一致，长度为 1m 的窗，如图 3-22 所示，以 window 为图块名保存起来，在需要的地方插入即可。

图 3-22　创建窗图块

　　所有的窗插入完成后的效果如图 3-23 所示。

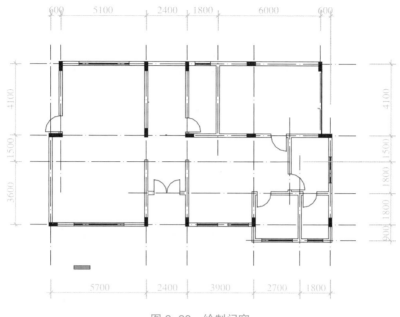

图 3-23　绘制门窗

【学习提示】

插入窗时因为长度方向和宽度方向需要选择不同的比例，不能勾选"分解"选项，而插入点、比例和旋转的角度这些选项都选择在屏幕上指定，如图 3-24 方便绘图时灵活地进行控制。

图 3-24　图块"插入"对话框

### 7. 绘制楼梯、台阶等细部构件

除了墙、柱、门窗等主要构件，在平面图中还有楼梯、台阶、花池、阳台等一些未剖切到的构件轮廓需要绘制。把"平—散水"图层置为当前,利用直线、偏移和修剪等命令完成首层楼梯的绘制,同样完成室外台阶、坡道等构件的绘制,如图 3-25 所示。

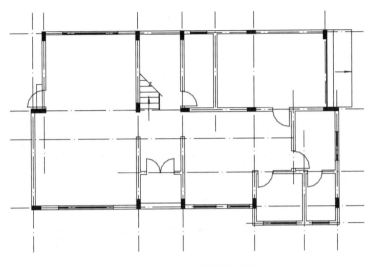

图 3-25 绘制楼梯等构件

### 8. 标注外部尺寸

将"外部尺寸"图层设置为当前,由于前面已经标注了轴线间的尺寸,利用基线标注 DBA 确定第一道和第三道尺寸的起始位置,再利用连续标注 DCO 完成所有的外部尺寸,如图 3-26 所示。

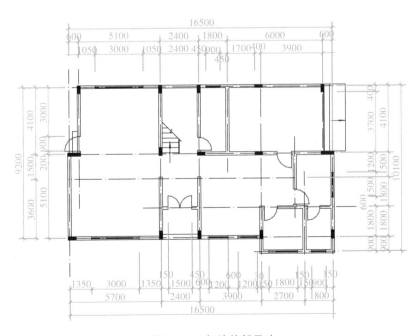

图 3-26 标注外部尺寸

### 9. 标注内部尺寸及标高

将"内部尺寸"设置为当前图层，由于内部尺寸可以标注的空间比较小，通常不像外部尺寸引出比较远，所以需要新建一个标注样式，修改标注样式的"起点偏移量"，保证图面标注的合理性。室内外标高可以在完成内部尺寸标注后进行标注，同时根据室内高差补绘地面高差的分界线，如图 3-27 所示。

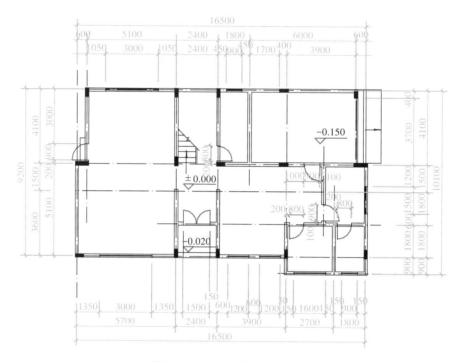

图 3-27　标注内部尺寸及标高

### 10. 文字注写

将"text"图层设置为当前，需要标注的文字主要有门窗编号和汉字说明，因为中文和数字采用的是不同的字体，因此标门窗编号时需要选择"英文注写"样式，字高确定为 300，注写房间名称时则需要选择"汉字"样式。通常使用动态文字 DT 在需要写字的位置连续输入文字，也可以写完一个后复制到需要的位置再双击文字修改内容。写完文字后如图 3-28 所示。

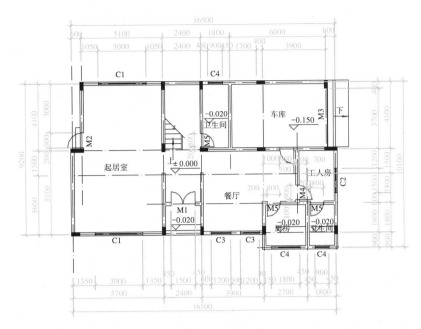

图 3-28　注写文字

### 11. 添加轴线编号

还是保持"text"为当前图层，在第三道尺寸线以外适当的位置画一条辅助线，将所有的轴线延伸到这条直线，用画圆的命令绘制某一条轴线如 1 轴端部的圆，圆的四分圆点对齐轴线的端点，在圆的内部添加轴线编号，将文字和外面的圆复制到其他轴线，修改为其他编号。完成后效果如图 3-29 所示。

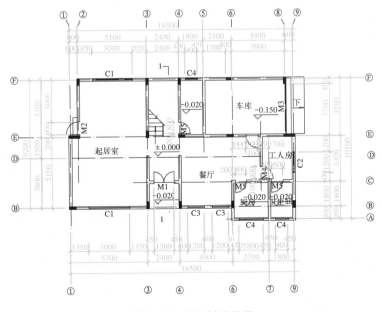

图 3-29　添加轴线编号

### 12. 添加图框，检查收尾

完整的图纸都需要包括图框和标题栏，可以直接插入之前做好存盘的图框。插入名为"A3 图框"的图块，输入比例为 100，插入到图纸适当的位置，图纸基本完成。最后要对画完的图纸进行检查，查漏补缺。比如添加指北针，注写图名、比例，还有图纸说明等。最后完成效果如图 3-30 所示。

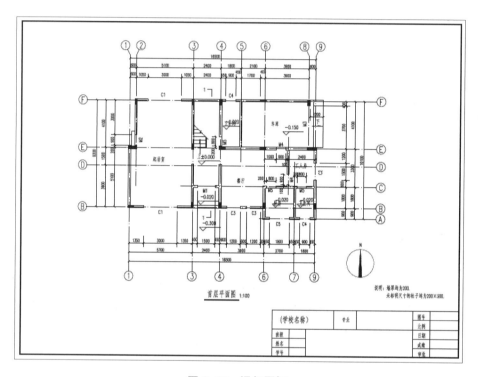

图 3-30　添加图框

【学习提示】

插入图框并将其放大 100 倍的操作方法有两种：

1. 插入图框，键入"I"，弹出"插入"对话框。在"比例"选项卡中，将"X"的比例因子设为"10"，确定后在屏幕需要的位置插入图框。

2. 先在屏幕任意位置插入 A3 图框，再执行缩放命令。点击修改工具条中的"⬚"图标，或者键入缩放命令的快捷键"SC"。

缩放命令功能：放大或缩小选定的对象，缩放后保持对象的比例不变。

命令：SC（SCALE）↙

选定对象：

指定基点：（基点将作为缩放操作的中心，并保持静止）

指定比例因子或 [ 复制（C）／参照（R）]：（比例因子大于 1 时将放大对象，比例因子介于 0 和 1 之间时将缩小对象。)

（1）键入"SC"后选择插入的 A3 图框作为缩放的对象。

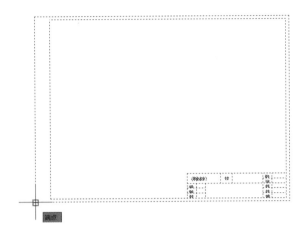

图 3-31　选择缩放的基点

（2）选择完对象后，点选 A3 图框的左下角端点为缩放的基点，如图 3-31 所示。

（3）指定基点后，键入比例因子"100"，空格结束命令，这时 A3 图框放大 100 倍。

【技能训练】

完成该建筑物的二层平面图，并保存文件名为"二层平面图 .dwg"的图形文件。

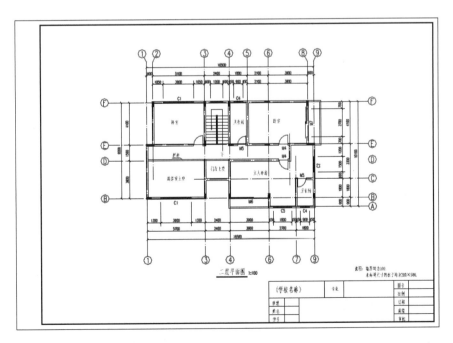

图 3-32　二层平面图

【评价】

| | 评价内容 | | 评价 | | | |
|---|---|---|---|---|---|---|
| | | | 很好 | 较好 | 一般 | 还需努力 |
| 学生自评 (40%) | 已学知识在本任务中的运用 | 设置绘图环境 | | | | |
| | | 绘图命令的操作 | | | | |
| | | 修改命令的操作 | | | | |
| | | 图块的保存与插入 | | | | |
| | | 尺寸标注 | | | | |
| | | 注写文字 | | | | |
| | | 保存图形文件 | | | | |
| 组间互评 (20%) | 绘图速度 | 按时完成任务及练习 | | | | |
| | 整组完成效果 | 任务及练习的完成质量 | | | | |
| | | 任务及练习的完成速度 | | | | |
| | 小组协作 | 组员间的相互帮助 | | | | |
| 教师评价 (40%) | 识图能力 | 读图、读尺寸 | | | | |
| | 制图基础 | 制图标准的理解应用 | | | | |
| | 软件熟悉程度 | 已学命令在本任务中的应用 | | | | |
| | 绘图方法 | 绘图所采用的方法和步骤 | | | | |
| | 完成效果 | 图形的准确性 | | | | |
| 综合评价 | | | | | | |

# 任务 2  绘制建筑立面图

## 【任务描述】

　　建筑立面图表示的是建筑物的外貌，包括层数、门窗的布置和样式、屋顶的形式、外墙面的装修做法及细部装饰等，通常在平面设计确定后进行立面设计，立面图与平面图应符合投影规律中"长对正"的对应关系。

　　通过使用 AutoCAD 进行如图 3-33 "①~⑨立面图"实例的绘制，讲述立面图的绘制方法和步骤，介绍建筑制图标准中对建筑立面图线型的运用，如何利用已经完成的建筑平面图快速定位，掌握建筑立面图的绘制要点。进而通过技能训练，独立完成"A ~ F 立面图"的抄绘。

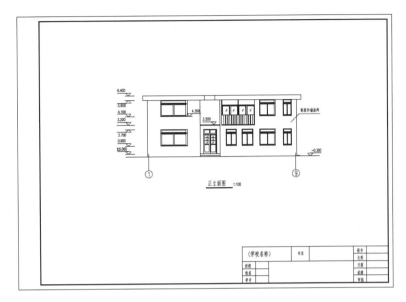

图 3-33  正立面图

【学习支持】

建筑立面图是建筑物不同方向的外墙面的正投影图，主要表现建筑物的外观，不同方向的外轮廓、外墙面的面层材料、颜色、门窗的位置大小、阳台栏杆做法、女儿墙的形式、必要的尺寸标高等都可以从立面图上读到。立面图的图名有多种表示方法，有定位轴线的建筑物最好按该立面图两端的轴线编号来分，如①～⑨立面图，Ⓐ～Ⓕ立面图；也可以直接用朝向来分，如南立面图、东立面图等。

为使图面清晰富有立体感，层次感强方便识读，立面图也要求采用多种线型绘制。按现行建筑制图标准中规定，立面图中的外轮廓线用粗实线绘制，构配件的轮廓线用中粗实线绘制，标高、引出线等用中实线绘制，外墙面的分格线等用细实线绘制，室外地坪线既可以用粗实线绘制，也可以用约 1.4b 的加粗实线绘制使图面更具层次感。

立面图中高度方向的尺寸通常用标高来标注，一般要求标注出室外地坪、出入口地面、门窗顶、窗台、檐口、屋顶、雨棚等位置的标高，也可以在立面图上标注一些必要的局部尺寸。

绘制建筑立面图的方法因人而异，下面介绍的是通过投影图的对应关系，利用已经绘制完成的建筑平面图协助绘图的步骤：

1. 打开已经保存好的建筑平面图，视需绘制的立面图方向将平面图旋转至合适的方向，绘制外墙轮廓线、门窗洞边线、局部凹凸墙面线等竖向辅助线；

2. 绘制地坪线、各层楼面线、屋面外轮廓线、窗台线、门窗顶线等水平方向辅助线；

3. 修剪辅助线，得到较清晰的外部及细部轮廓线；

4. 绘制门窗分格线、台阶、雨棚、檐口等细部构件；

5. 根据图线的性质修改至适当的图层；

6. 绘制标高符号；

7. 绘制轴线、引出线、添加文字说明；

8. 添加图框和标题栏。

【任务实施】

### 1. 打开建筑平面图，绘制竖向辅助线

打开建筑物的"首层平面图 .dwg"，另存为"1-9 立面图 .dwg"图形文件。本任务需要绘制的是 1~9 立面图，因此看见的是正面，不需要旋转平面图。建立一个名为"辅助线"的新图层，置为当前，利用构造线 XL 命令，画出外墙轮廓线、门窗洞边线、局部凹凸墙面线等竖向辅助线如图 3-34，这些线在绘制立面图底层的时候都将有用。

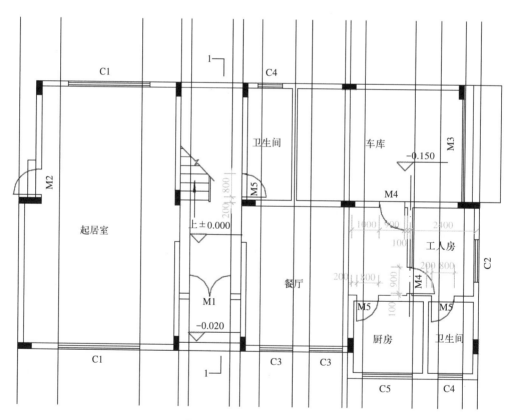

图 3-34  绘制竖向辅助线

### 2. 绘制水平方向辅助线

利用构造线命令 XL 绘制室外地坪线，长度稍超出外墙边线，通过标高计算出层高、窗台高、屋面高等尺寸，利用偏移命令完成水平方向辅助线，如图 3-35 所示。

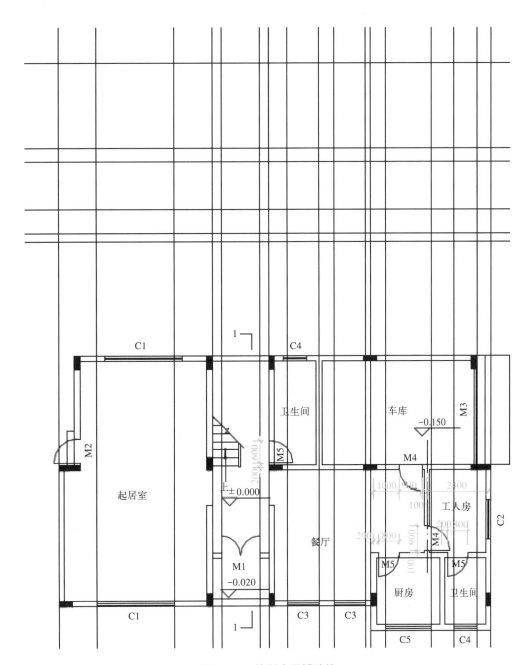

图 3-35  绘制水平辅助线

### 3. 修剪辅助线

此时竖直、水平两个方向的辅助线很密集，容易混淆，需要修剪得到较清晰的外轮廓及细部轮廓线。由于二层平面与首层平面的门窗布置不同，立面上二层的窗洞位置与首层不一致，首先修剪窗洞边缘辅助线如图 3-36（a），再修剪水平方向辅助线，如图3-36（b），窗口的位置已非常清楚了。再修剪入口处门洞如图 3-36（c），此时首层立面已现雏形。将建筑平面图删除。

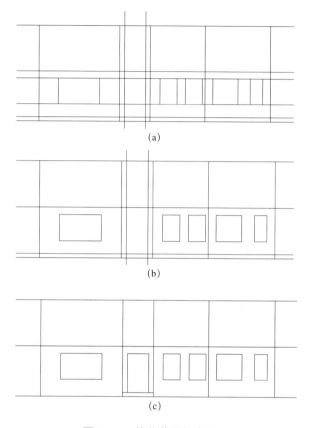

图 3-36 修剪首层门窗洞口

(a) 修剪窗洞边缘；(b) 修剪水平方向辅助线；(c) 修剪入口处门洞

### 4. 绘制二层门窗

插入"二层平面图"，与立面图对齐，参照首层门窗画法，完成二层的门窗洞口，如图 3-37 所示。

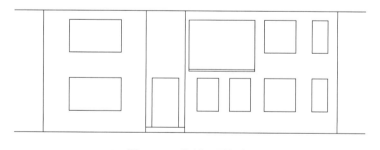

图 3-37 绘制二层门窗

### 5. 绘制门窗分格线及台阶等细部构件

立面图中门窗是主要的内容，建筑制图标准中门窗是有规定的图例表达方法，立面图中的门窗应按实际情况绘制。由于门窗基本上都是由直线组成，绘图时常用直线 L、偏移 O、圆角 F，偶用矩形 REC 等命令完成，同样的门窗可以复制，也可以做成图块以不同的比例插入即可。

【学习提示】

当建筑物层数较多时，通常会有多个楼层的平面布置是一样的，这样的楼层叫做标准层，标准层的立面通常也是一样的，此时可以用复制 CO 或阵列 AR 等命令快速绘制多个楼层的门窗。

完成门窗后根据立面设计补绘台阶、雨棚、檐口、坡道等细部构件，如图 3-38 所示。

图 3-38　绘制立面细部

#### 6. 修改图层

之前绘制的图线都在辅助线图层，要根据制图标准，将所有的图线都修改至适当的图层，比如外轮廓线应修改至"立剖—粗"图层，门窗洞口、台阶、雨棚、栏杆等应修改至"立剖—粗"图层，门窗的分格线应修改至"立剖—粗"图层。修改图层的目的是方便管理图纸，也方便在打印时设定不同的线宽。

#### 7. 绘制标高符号

立面图中尺寸标注很少，尺寸一般是用标高来表示的，因此标高在立面图中非常重要。标高在平面图、立面图中都会出现，表达方式和含义也都是一样的，建议以创建属性块的形式进行。根据制图标准，有以下四种不同方向的标高符号如图 3-39，把标高值作为属性分别做成块，以三角形的顶点作为插入的基点，在需要的位置插入即可。

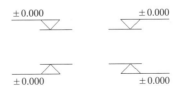

图 3-39　标高的不同形式

标注完标高后，如图 3-40 所示。

图 3-40　标准标高

## 8. 绘制轴线、引出线、添加文字说明

检查完成后的图形，将图形移动到图框内合适的位置。添加最外侧的定位轴线，注写轴号，外立面的材质、颜色等必要的文字注释以及图名、比例等，立面图绘制完成。

【技能训练】

完成图 3-41 所示的该建筑物 A~F 立面图，并保存文件名为"A~F 立面图"的图形文件。

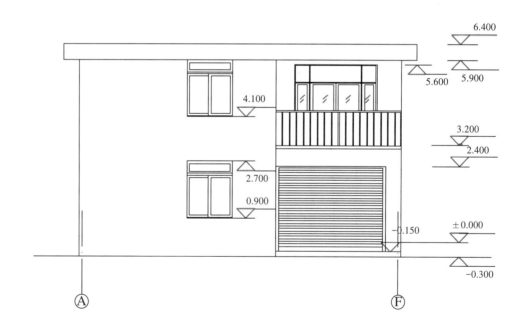

Ⓐ~Ⓕ立面图　1:100

图 3-41　A~F 立面图

【评价】

| 评价内容 | | | 评价 | | | |
|---|---|---|---|---|---|---|
| | | | 很好 | 较好 | 一般 | 还需努力 |
| 学生自评<br>(40%) | 已学知识在本任务中<br>的运用 | 打开图形文件 | | | | |
| | | 绘图命令的操作 | | | | |
| | | 修改命令的操作 | | | | |
| | | 图块的保存与插入 | | | | |
| | | 尺寸标注 | | | | |
| | | 注写文字 | | | | |
| | | 保存图形文件 | | | | |
| | 绘图速度 | 按时完成任务及练习 | | | | |
| 组间互评<br>(20%) | 整组完成效果 | 任务及练习的完成质量 | | | | |
| | | 任务及练习的完成速度 | | | | |
| | 小组协作 | 组员间的相互帮助 | | | | |
| 教师评价<br>(40%) | 识图能力 | 读图、读尺寸 | | | | |
| | 制图基础 | 制图标准的理解应用 | | | | |
| | 软件熟悉程度 | 已学命令在本任务中的应用 | | | | |
| | 绘图方法 | 绘图所采用的方法和步骤 | | | | |
| | 完成效果 | 图形的准确性 | | | | |
| 综合评价 | | | | | | |

# 任务 3  绘制建筑剖面图

【任务描述】

　　建筑剖面图主要表示的是房屋内部的分层情况及各部位的联系等，包括层数、层高、结构形式、梁板等承重构件的关系、被剖切到的墙体门窗等构件的形状尺寸、室内外地坪的位置关系、高度方向的尺寸和标高，如果剖切位置经过楼梯，还可以清楚地表达出楼梯的形式和尺寸等。剖面图与平面图、立面图配合在一起才能够反应建筑物的全貌，尤其是内部的结构特征。

　　通过绘制图 3-42 所示的"1-1"剖面图，学习如何利用已经完成的平面图、立面图快速确定剖面图的轮廓，进而绘制梁、板、墙体、门窗、楼梯等构件，标注尺寸及标高，掌握剖面图的绘制方法和技巧。进而通过完成技能训练，进一步学会如何求作指定位置的剖面图。

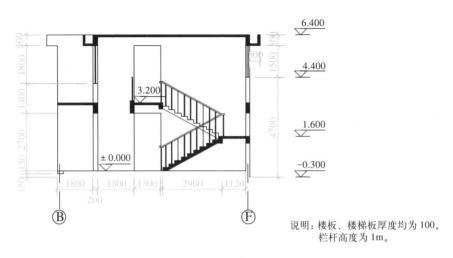

说明：楼板、楼梯板厚度均为100。
栏杆高度为1m。

图 3-42　1-1 剖面图

【学习支持】

建筑剖面图是假想一个或多个垂直于墙面的铅垂面把房屋剖开，将观察者与剖切平面之间的部分移走，把留下的部分对投影面作正投影得到的投影图。剖面图的剖切位置一般选择在能反映全貌、构造特征以及有代表性的部位，数量根据建筑物的复杂程度来确定，有楼梯的房屋一般会有一个剖切到楼梯间的剖面图。主要表示建筑物内部垂直方向的结构形式、分层情况、内部构造等，包括柱、墙、梁、板的连接关系，顶棚、台阶、女儿墙、檐口等的构造做法，标注建筑物的层高、总高、门窗洞口的标高等，有需要还会标注出详图索引符号。

剖面图中地平线可用1.4b的特粗实线绘制，被剖切到的墙身、楼板、屋面板、楼梯段、梁等轮廓线用粗实线表示，未剖切到的门窗洞、楼梯扶手、内外墙轮廓线等用中实线绘制，尺寸线、引出线、索引符号等也可以用中实线绘制。在剖面图中比例大于1：50宜画出断面的材料图例，但在比例为1：100~1：200的剖面图需要画出楼地面、屋面的面层线，材料图例可以简化。

剖面图中必须标注垂直尺寸和标高，通常第一道尺寸标注的是门窗洞、窗间墙的高度尺寸，第二道尺寸标注的是层高，第三道尺寸标注的是室外地面以上房屋的总高，有些不画详图的局部尺寸也需要标注清楚。室内外地面、各层楼面、楼梯平台、檐口、女儿墙、水箱顶面、楼梯间顶面的标高也是必须标注清楚的。

【学习提示】

注写标高和尺寸时，剖面图中标注的内容应该与平面图、立面图一致。

剖面图的绘制步骤如下：

1. 插入或复制同一建筑物的平面图和与立面图；

2. 参照平面图，绘制竖向定位线；

3. 参照立面图，绘制水平方向定位线；

4. 确定室内外地坪线、墙面线、屋面线；

5. 绘制梁板等细部构件；

6. 绘制门窗、雨棚、檐口等细部构件；

7. 绘制楼梯；

8. 绘制剖切面的材料图例

9. 标注尺寸、标高；

10. 绘制轴线、详图索引符号、添加文字说明；

11. 插入图框。

【任务实施】

### 1. 插入或复制平面图和与立面图

观察平面图中剖切符号标识的位置，选择适当的平面图剖面图与平面图和立面图的构件复制相应的平面图和立面图，移动到适当的位置，如图 3-43 所示。

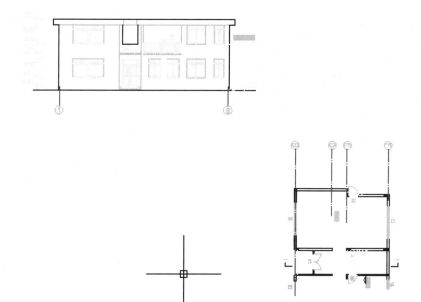

图 3-43　复制平面图和立面图

### 2. 绘制竖向定位线

利用构造线 XL，捕捉平面图上的交点，绘制多条垂直引出的投影线，如图 3-44 所示。

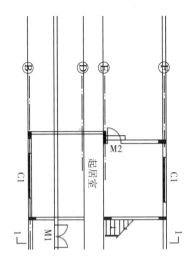

图 3-44　绘制垂直方向引线

### 3. 绘制水平方向定位线

参照立面图，利用构造线 XL，捕捉立面图上地面、窗台、屋顶等交点，绘制水平投影线，如图 3-45 所示。

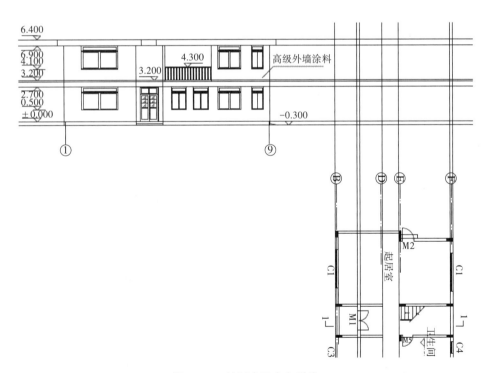

图 3-45　绘制水平方向引线

### 4. 确定室内外地坪线、墙面线、屋面线

利用修剪命令 TR，剪掉多余的线段，形成剖面图的轮廓，如图 3-46 所示。

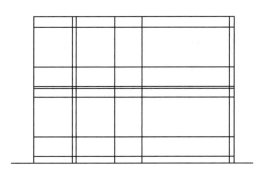

图 3-46　修剪剖面图轮廓

## 5. 绘制梁板等细部构件

在轮廓形成后，根据平面图判断室内外地坪线、楼板线、窗台线、门洞线等的位置进行修剪，初步完成首层剖面，如图 3-47 所示。屋面梁板、二层门窗等可参照此画法完成。

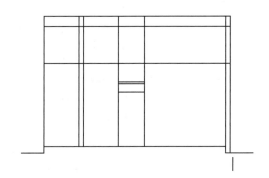

图 3-47　修剪首层细部构件

## 6. 绘制门窗、雨棚、檐口等细部构件

根据平面图和立面图的对应关系确定各构件的位置，添加雨棚、檐沟等细部，注意区分剖切到的和没有剖切到的构件，如图 3-48 所示。

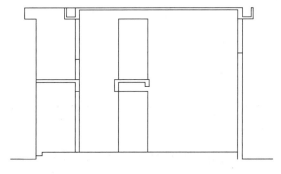

图 3-48　绘制雨棚、檐口等细部

### 7. 绘制楼梯

楼梯是剖面图里最复杂的一部分，具体画法在项目二任务四的技能训练中已做过练习。利用直线命令 L 绘制一级踏步和栏杆，用复制命令 CO 或者路径阵列命令 AR 绘制其余梯级，再利用偏移命令 O 绘制楼梯板下部轮廓线和扶手。最后对楼梯段进行修剪，完成梁、扶手等细部构件。绘制完成后如图 3-49 所示。

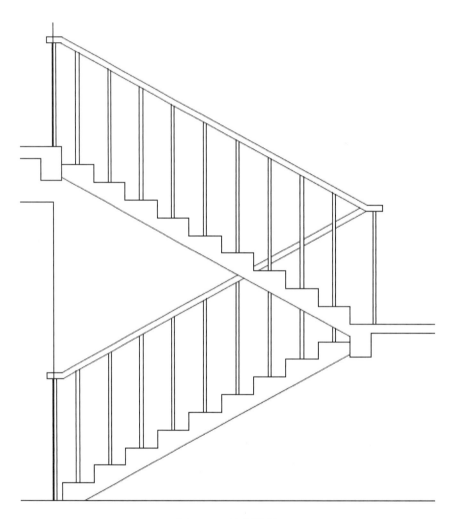

图 3-49　绘制楼梯

【学习提示】

1. 本例一跑梯段踏步数为 10，很方便算出踏步的高度，如果遇到不能整除，用定数等分可以精确得到踏步的高度。

2. 剖面图在绘制时需要根据投影方向判断图线的可见性与不可见性，对图线进行修剪，如图 3-50 所示，栏杆、踏步等的前后关系需要判断清楚。

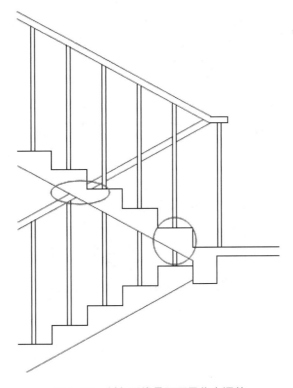

图 3-50　判断图线是否可见作出调整

### 8.调整图线的图层，绘制剖切面的材料图例

要根据制图标准，将所有的图线都修改至适当的图层，剖切到的构件如梁、楼板、檐口、楼梯板等需要填充图案，根据本图的比例选择 SOLID 图案类型直接涂黑即可。完成后如图 3-51 所示。

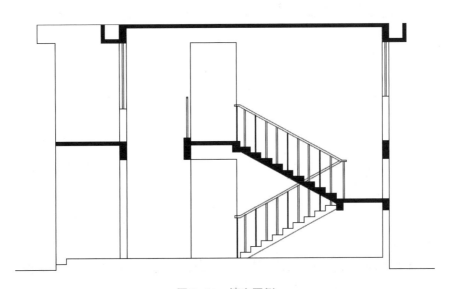

图 3-51　填充图例

## 9. 标注尺寸、标高；

竖直方向对外墙上的窗洞、窗间墙等尺寸进行标注，水平方向标注梯段尺寸、檐口尺寸等，并标注各层楼地面、楼梯休息平台、窗台等的标高。完成后如图3-52所示。

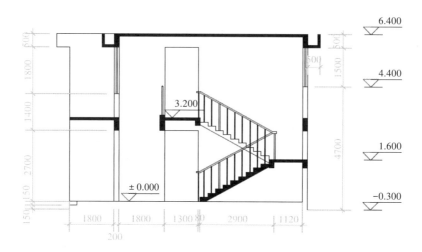

图 3-52 标注尺寸、标高

## 10. 绘制轴线、详图索引符号、添加文字说明；

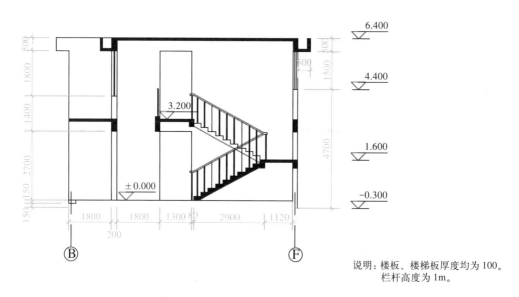

说明：楼板、楼梯板厚度均为100。
栏杆高度为1m。

图 3-53 绘制轴线，注写说明

## 11. 插入图框。

可以复制平面图、立面图，与剖面图对齐，插入 A2 图框，即可得到如图 3-54 的建筑施工图。

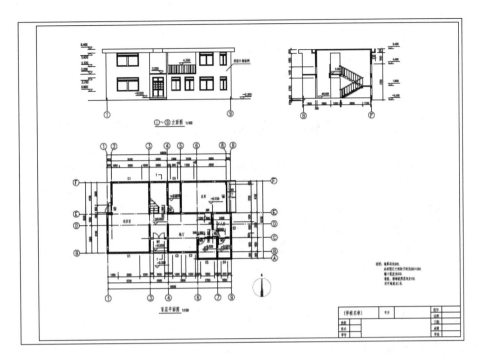

图 3-54　建筑施工图

【评价】

| | 评价内容 | | 评价 | | | |
|---|---|---|---|---|---|---|
| | | | 很好 | 较好 | 一般 | 还需努力 |
| 学生自评<br>（40%） | 已学知识在本任务中的运用 | 打开图形文件 | | | | |
| | | 绘图命令的操作 | | | | |
| | | 修改命令的操作 | | | | |
| | | 图块的保存与插入 | | | | |
| | | 尺寸标注 | | | | |
| | | 注写文字 | | | | |
| | | 保存图形文件 | | | | |
| | 绘图速度 | 按时完成任务及练习 | | | | |
| 组间互评<br>（20%） | 整组完成效果 | 任务及练习的完成质量 | | | | |
| | | 任务及练习的完成速度 | | | | |
| | 小组协作 | 组员间的相互帮助 | | | | |
| 教师评价<br>（40%） | 识图能力 | 读图、读尺寸 | | | | |
| | 制图基础 | 制图标准的理解应用 | | | | |
| | 软件熟悉程度 | 已学命令在本任务中的应用 | | | | |
| | 绘图方法 | 绘图所采用的方法和步骤 | | | | |
| | 完成效果 | 图形的准确性 | | | | |
| 综合评价 | | | | | | |

【技能训练】

1. 创建装饰构造详图模板文件。要求如下：

（1）按图 3-55 设定图层。

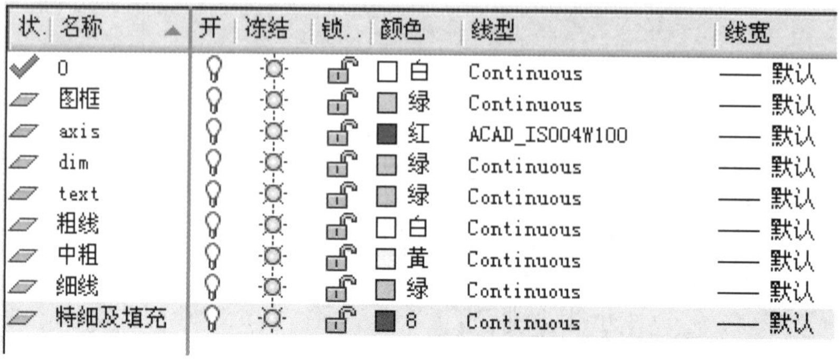

| 状 | 名称 | 开 | 冻结 | 锁.. | 颜色 | 线型 | 线宽 |
|---|---|---|---|---|---|---|---|
| ✔ | 0 | ♀ | ☼ | 🔓 | □ 白 | Continuous | —— 默认 |
| ☁ | 图框 | ♀ | ☼ | 🔓 | □ 绿 | Continuous | —— 默认 |
| ☁ | axis | ♀ | ☼ | 🔓 | ■ 红 | ACAD_ISO04W100 | —— 默认 |
| ☁ | dim | ♀ | ☼ | 🔓 | □ 绿 | Continuous | —— 默认 |
| ☁ | text | ♀ | ☼ | 🔓 | □ 绿 | Continuous | —— 默认 |
| ☁ | 粗线 | ♀ | ☼ | 🔓 | □ 白 | Continuous | —— 默认 |
| ☁ | 中粗 | ♀ | ☼ | 🔓 | □ 黄 | Continuous | —— 默认 |
| ☁ | 细线 | ♀ | ☼ | 🔓 | □ 绿 | Continuous | —— 默认 |
| ☁ | 特细及填充 | ♀ | ☼ | 🔓 | ■ 8 | Continuous | —— 默认 |

图 3-55　图层设置

（2）按制图规范要求设置字体及字体高度。

（3）按制图规范要求设定尺寸标注及标高。

（4）设置"墙"和"窗"的多线类型格式。

（5）设置门动态块。

（6）设置标高属性块。

（7）设置 A3 和 A4 图框块。

2. 以"装饰构造详图模板 .dwt"格式的电子文档方式保存。

# 项目 4
## 绘制装饰施工图

【项目概述】

室内装饰设计过程中所需要的室内装饰工程图，包括各类平面图（其中含有原始结构图、各层平面布置图、地面铺装图、顶棚布置图）、各立面图、剖面图以及节点大样构造图等。装饰工程图不仅向业主展示了设计的需求及创意，还给室内装饰施工提供施工依据。

本项目中，通过使用 AutoCAD 软件对室内各类功能空间进行装饰工程图的演示操作讲解，使同学们从易至难地掌握室内装饰工程图的制作，并最终能独立完成整套户型的室内施工图的绘制。

## 任务 1　绘制客厅及餐厅平面图

【任务描述】

家居室内装饰工程图通常都由公共使用空间如客厅、餐厅等，私密使用空间如卧室、书房等，以及辅助使用空间如厨房、卫生间等组成。而客厅作为最常见的功能空间往往也是设计师门创意设计的重点。

通过讲解使用 AutoCAD 对家居室内基本单元——客厅工程图的抄绘练习，使同学们不仅能加强熟练掌握 AutoCAD 软件的使用，还能掌握客厅平面布置图、地面铺装图、天花布置图以及各立面图的绘制。进而，在【技能训练】技能练习中，能独立完成家居室内另一基本单元——卧室工程图的抄绘。

客厅及餐厅平面布置图所绘制的内容要求具体如图 4-1 所示。

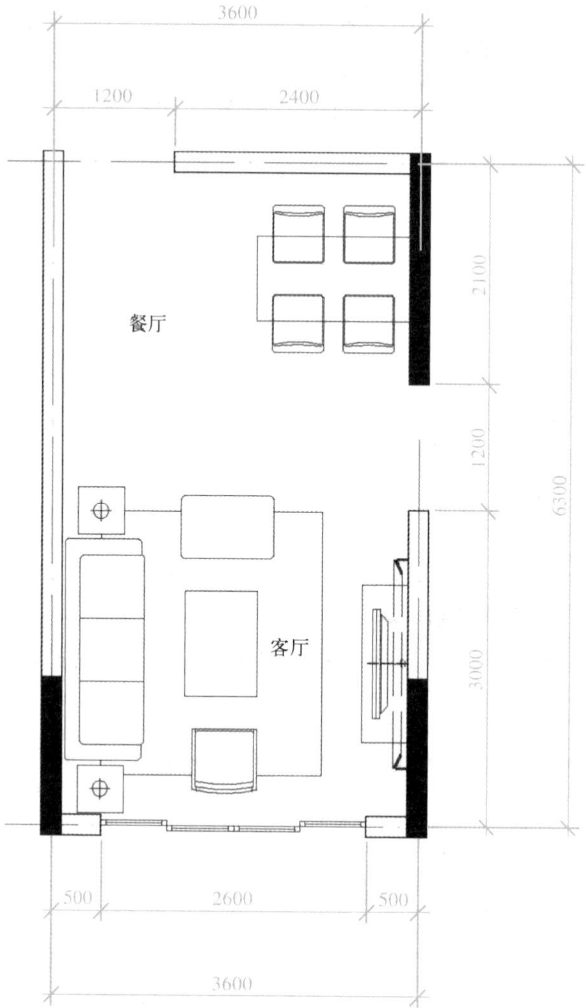

图 4-1　客厅及餐厅平面布置图抄绘内容

【学习支持】

室内平面布置图是主要展示室内空间的空间分隔情况以及家具的摆放位置。因此在平面布置图中，应表示出室内空间的平面形式、大小尺寸、房间分隔、家具布置的情况。

为了保证绘图质量，平面布置图中的图线要求粗细有别，层次分明。按现行建筑制图标准以及房屋建筑室内装饰装修制图标准规定，平面图中被剖切到的主要构配件如柱、墙的轮廓线用粗实线绘制，平、剖面图中被剖切的次要建筑构造（包括构配件）的轮廓线采用中粗实线绘制，在室内装饰平面图中如被剖切的墙面装饰构造部分应采用中粗实线绘制。没有被剖切到的可见轮廓线如踏步、栏板、窗台等也用中粗实线绘制，尺寸线、尺寸界限、标高符号、引出线、索引符号、地面高差分界线等用中实线绘制，图例填充线、家具等用细实线绘制，定位轴线用细单点长画线绘制。

绘制室内装饰平面图通常按以下的步骤进行，各人可以根据自己不同的绘图习惯适当做一些调整：

1. 设置绘图环境；

2. 绘制定位轴线；

3. 绘制墙体和柱子；

4. 绘制门窗；

5. 绘制固定家具；

6. 绘制移动家具及装饰品；

7. 标注尺寸、标高；

8. 标注文字；

9. 添加立面索引指向符号。

## 【任务实施】

### 1. 设置绘图环境

（1）创建及设置图层。单击 按钮，或者在命令行键入"LA"，回车，按图 4-2 设置图层。

| 状 | 名称 | 开 | 冻结 | 锁.. | 颜色 | 线型 |
|---|---|---|---|---|---|---|
| | 0 | | | | ■白 | Continuous |
| | axis | | | | ■红 | ACAD_ISO04W100 |
| | Defpoints | | | | ■白 | Continuous |
| | PL-col | | | | ■白 | Continuous |
| | PL-dim | | | | □绿 | Continuous |
| | PL-door | | | | □青 | Continuous |
| | PL-Fur | | | | □黄 | Continuous |
| | PL-text | | | | □绿 | Continuous |
| ✓ | PL-wall | | | | ■白 | Continuous |
| | EL-结构线 | | | | ■白 | Continuous |
| | EL-细线 | | | | ■8 | Continuous |
| | PL-win | | | | □绿 | Continuous |
| | PL-灯具 | | | | ■洋红 | Continuous |
| | PL-天花 | | | | □青 | Continuous |
| | PL-indim | | | | □绿 | Continuous |
| | EL-dim | | | | □绿 | Continuous |
| | EL-Fur | | | | □黄 | Continuous |
| | EL-text | | | | □绿 | Continuous |
| | EL-门套 | | | | □青 | Continuous |

图 4-2　图层名称、颜色及线型设置结果

（2）参照项目二任务七进行字体设置及尺寸设置。

（3）绘制房间的轴线，开间尺寸为 3600mm，进深尺寸为 7200mm，结果如图 4-3 所示。

图 4-3  绘制轴线

### 2. 绘制墙线及柱子

（1）绘制墙线。将"PL-wall"图层置为当前层，用多线命令绘制墙线，墙厚 200。

（2）将"PL-col"图层置为当前层，根据图中尺寸用矩形命令绘制柱子外轮廓，用填充命令将柱子填充为实体。

### 3. 开门洞口并绘制门

（1）根据尺寸偏移轴线，对墙线进行修剪，修剪出门洞口，如图 4-4 所示。

（2）用矩形命令绘制推拉门。将"PL-door"层置为当前层，在命令提示行键入矩形命令快捷键"REC"，绘制 50×50 的门扇边框，再用直线"L"命令绘制三条长度为 550mm 的直线。用复制命令，将边框复制到直线的另一端，绘制完成一扇门，如图 4-5 所示。

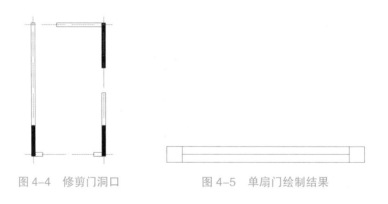

图 4-4  修剪门洞口              图 4-5  单扇门绘制结果

（3）使用移动和复制、镜像命令，将门扇绘制出如图 4-6 所示。

图 4-6  门的绘制结果

**4. 绘制固定家具——电视背景墙**

（1）将"PL-Fur"层置为当前图层。

（2）绘制辅助线找到电视背景的定位位置。用直线"L"命令，打开中心点捕捉辅助工具，找到背景墙所在墙面的中点"1"作为直线的起点，画任意长度的直线。再使用偏移"O"命令，将该直线分别向上、向下偏移各1000mm，如图4-7所示，接下来将在这个位置绘制背景墙。

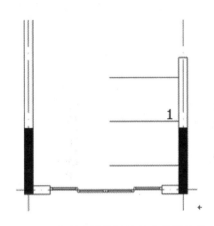

图 4-7　绘制电视背景墙的定位辅助线

（3）在屏幕任意位置用直线工具和相关适当的绘图及修改工具绘制电视背景墙的平剖截面（图4-9中圈出的位置），截面形状具体尺寸见图4-8（a）。

（4）给绘制好的截面形状填充剖面图例。在命令行键入填充图案快捷命令"H"，弹出图案填充对话窗口。选择ANSI填充样式中"ANSI31"填充样例，将填充比例改为"2"然后点确定，如图4-8（b）所示。

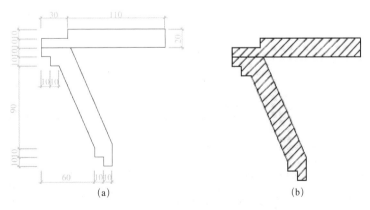

图 4-8　电视背景墙截面形状尺寸

（a）截面尺寸；（b）填充样式

（5）使用移动"M"命令和复制"CO"命令，将截面图形绘制在如图4-9所示位置。

（6）接着完善电视背景墙，改为虚线。

◆　在命令行键入"LT"，打开线型管理器，加载虚线"ACAD_IS002W100"。

◆　选择需要变成虚线的两条直线，然后点开线形控制的三角下拉菜单，选择刚才加载的虚线线型，使两条直线改为虚线线型，如图4-10所示。

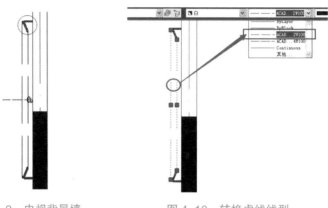

图4-9　电视背景墙　　　　　图4-10　转换虚线线型

【学习提示】

1.客厅背景的设计通常是沿墙面通高设置，因此在室内平面布置中，背景墙通常是平剖面的投影图。在平面图中绘制客厅背景墙时要将剖切的部分以剖面的图例符号来进行填充表示。

2.客厅背景墙位于所在墙面的中心位置点，为了方便施工的定位操作，在中心位置线上可绘制中心线。定位中心线的表示方法如图4-11所示。也可用尺寸标注表示其定位关系。

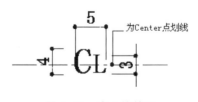

图4-11　中心线符号

5.家具及装饰品的绘制和图块插入

（1）插入项目二中保存的客厅沙发组及餐桌图块，并移动到图4-12所示位置。

（2）用矩形命令绘制电视柜，电视柜尺寸宽为 450mm，长为 1500mm。并用移动命令将其移动到电视背景墙的中心位置。

（3）用插入图块命令，将项目二中保存的电视图块插入并移动到电视柜中心，如图 4-13 所示。

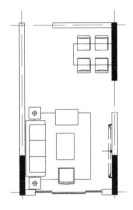
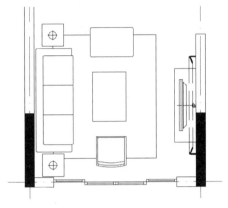

图 4-12　插入沙发、餐桌　　　　　　　　图 4-13　插入电视机

**6. 尺寸文字标注及绘制立面指向符号**

（1）将"PL-dim"图层置为当前层，利用线性标注、连续标注、基线标注完成房间的进深及开间尺寸，如图 4-14 所示。

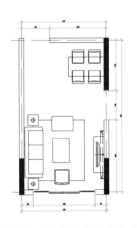

图 4-14　最终尺寸标注完成图

（2）将"PL-text"置为当前层。用动态文字标注房间名称。在命令提示行键入"DT"空格。在餐厅位置点选文字位置，字高为 500mm，旋转角度为 0，然后键入"餐厅"文字。复制"餐厅"文字到客厅位置，双击"餐厅"文字，亮显时，修改文字为客厅。

（3）用圆和直线命令绘制如图所示的立面指向符号并用移动命令放置适当位置。最终效果，如图 4-15 所示。立面指向符号大小按室内设计施工图设计规范规定绘制，然后放大至出图比例。

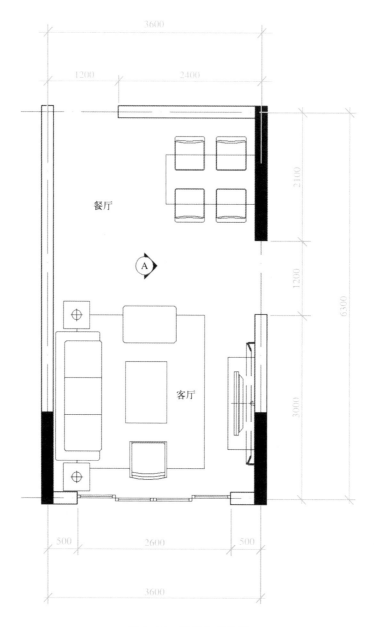

图 4-15 最终完成效果

【技能训练——卧室平面布置图】

抄绘制一个卧室单元的平面布置图，抄绘卧室的内容要求具体如图 4-16 所示。并以"卧室平面布置图"为文件名保存 dwg 格式的电子文档。

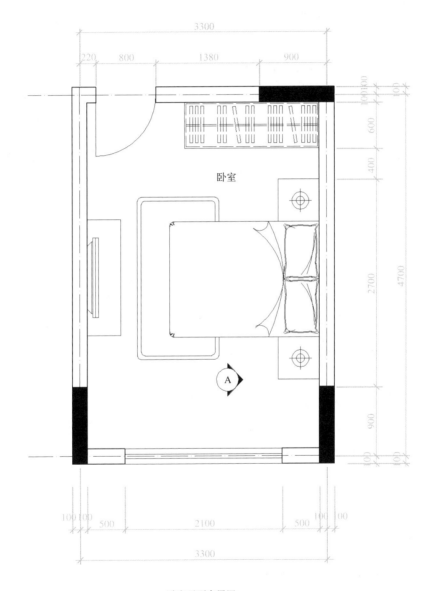

卧室平面布置图 1：30

图 4—16　卧室平面布置图

【任务评价】

任务评价表

| | 评价内容 | | 评价 | | | |
|---|---|---|---|---|---|---|
| | | | 很好 | 较好 | 一般 | 还需努力 |
| 学生自评<br>（40%） | 已学知识在本任务中的应用 | 设置基本绘图环境 | | | | |
| | | 尺寸样式设置 | | | | |
| | | 文字样式设置 | | | | |
| | | 多线样式设置 | | | | |
| | | 保存图形文件 | | | | |
| | 掌握绘制装饰图的方法 | 按构件进行图层管理 | | | | |
| | | 绘制立面内视符号 | | | | |
| | | 熟练运用绘图与修改命令 | | | | |
| | 绘图速度 | 按时完成任务及练习 | | | | |
| 组间互评<br>（20%） | 整组完成效果 | 任务及练习的完成质量 | | | | |
| | | 任务及练习的完成速度 | | | | |
| | 小组协作 | 组员间的相互帮助 | | | | |
| 教师评价<br>（40%） | 制图规范的掌握 | 按制图规范进行绘图 | | | | |
| | 命令的掌握 | 对已学命令在本任务中的应用 | | | | |
| | | 命令的熟练运用 | | | | |
| | 绘图方法 | 绘制装饰图纸的顺序和步骤 | | | | |
| | 完成效果 | 图形的准确性 | | | | |
| | 综合评价 | | | | | |

【知识链接】

**1. 制图标准中立面索引指向符号的相关规定**

（1）名称：立面索引指向符号

（2）用途：在平面图内指示立面索引或剖切立面索引的符号。内视符号注明视点位置、方向及立面编号。符号中的圆圈应用细实线绘制。

（3）尺度：A0、A1、A2 图幅剖切索引符号的圆直径为 12mm，A3、A4 图幅剖切索引符号的圆直径为 10mm。

（4）图例示意：

单面内视符号　　　双面内视符号　　　四面内视符号

立面号，A₀、A₁、A₂ 图幅，字高为 4mm，字体为宋体

立面所在图纸号，A₀、A₁、A₂ 图幅，字高为 2.5mm，字体为宋体

立面号，A₃、A₄ 图幅，字高为 3mm，字体为宋体

立面所在图纸号，A₃、A₄ 图幅，字高为 2mm，字体为宋体

箭头方向即立面指向面

圆内上下字体不能颠倒

如一幅图内含多个立面时可采用下图形式

如所引立面在不同的图幅内可采用下图形式

# 任务 2　绘制客厅及餐厅地面铺装图

## 【任务描述】

　　地面铺装图主要是用来表示地面做法的图纸，其内容包括表达地面的铺设材料以及地面的铺设形式两方面。地面铺装图的绘制是在平面布置图的基础上进行，其绘制方法与平面图大致相同。不同的地方是，地面铺装图不需要绘制家具，只需要绘制固定于地面的家具及设备以及所用的地面材料。

　　本任务将利用任务一客厅及餐厅平面布置图的 CAD 文件进行修改，主要表达客厅及餐厅的地面材料的样式及拼贴效果。

客厅及餐厅地面铺装图所绘制的内容要求具体如图 4-17 所示。

**153**

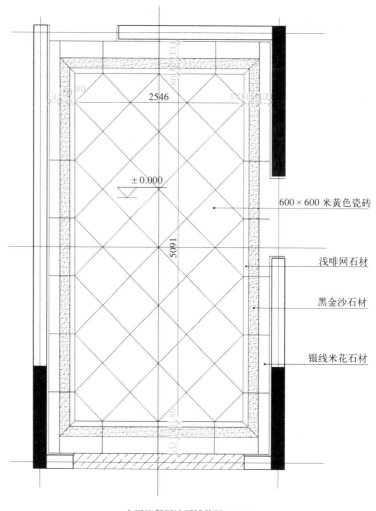

600×600 米黄色瓷砖

浅啡网石材

黑金沙石材

银线米花石材

客厅及餐厅地面铺装图 1：30

图 4-17　客厅及餐厅地面铺装图抄绘内容

【学习支持】

地面铺装图是在平面布置图完成后的基础上绘制的。所以在绘制地面铺装图时，只要将原有平面图的基础上关闭掉（或者删除掉）里面家具、装饰品布置等图形，就可以开始绘制地面铺装图了。

在绘制地面铺装时可采用多种方法进行绘制。但不论哪种绘制方法，尽量从房间按地面材料的施工顺序进行绘制，更能有效地减少地面材料的损耗。在绘制地面材料铺装图时，如果墙面材料是块材时，应先将墙面材料完成面的厚度线绘制出来，再进行地面材料的铺装绘制。

地面铺装图的图线也要做到粗细有别、层次分明。地面铺装图中被剖切到的主要构配件如柱、墙的轮廓线用粗实线绘制。尺寸线、尺寸界限、标高符号、引出线、索引符号、地面高差分界线等用中实线绘制。地面材料的表示多数是图例线，地砖分隔线属于纹样线，因此采用细实线绘制。

绘制室内装饰平面图通常按以下的步骤进行，各人可以根据自己不同的绘图习惯适当做一些调整：

1. 绘图准备。

2. 删除原来平面布置图的家具、装饰品等内部布置陈设，或关闭掉该部分陈设所在的图层。

3. 绘制地面铺装材料。

4. 标注尺寸、标高。

5. 标注文字。

【任务实施】

**1. 绘图准备**

（1）打开任务一保存的文件"客厅及餐厅平面布置.dwg"，另存为"客厅及餐厅地面铺装图.dwg"。

（2）增加地面铺装图层。在命令提示行键入"LA"，打开图层特性管理器。新建图层"PL-地面铺装"，颜色定为8号色，线型采用实线"Continous"。

（3）删除里面的家具图块及文字，如图 4-18 所示。

**2. 绘制地面材料铺装**

（1）用偏移"O"命令偏移左侧墙内边线，偏移距离 30mm，作为内墙的抹灰面层线。并将其放置图层"PL-地面铺装"。将当前线条转换图层的方法：先点选该线条，然后点开图层控制的下拉三角形按钮，选择"PL-地面铺装"即可，如图 4-19 所示。

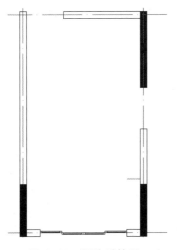

图 4-18　删除后效果

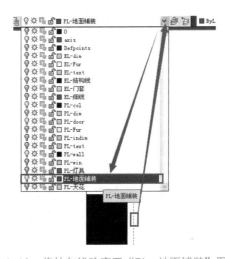

图 4-19　将抹灰线改变至"PL-地面铺装"图层

依次将各内墙边线偏移30mm距离，并用圆角命令"F"以半径为0进行倒角操作。然后把所有偏移后的抹灰线都转换至"PL-地面铺装"图层，结果如图4-20所示。

（2）绘制门槛石线，如图4-29。关闭"PL-door"和"axis"图层，用直线绘制门槛线，用填充图案命令"H"，选用大理的图例样式"ANSI33"进行填充，填充比例设为30。点击预览，预览无误后按确定结束填充命令。若填充预览后觉得比例不合适，可一直调整比例，调整到图案可清楚显示为止。

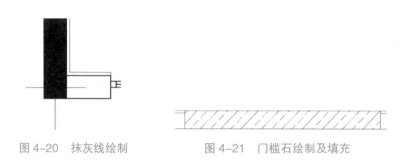

图4-20　抹灰线绘制　　　　　图4-21　门槛石绘制及填充

【学习提示】

将各抹灰线都转换至"PL-地面铺装"图层的方法还可以采用"特性匹配"的方法。其快捷方式"MA"。在命令提示行键入"MA"空格。命令行提示：选择源对象时，先选择刚才第一条抹灰线（因为其所在图层已经是"PL-地面铺装"图层），选完后，命令行又提示：选择目标对象时，光标会变成"□"形状，用此光标点选其他需要改变图层的抹灰线。

（3）地面波打线及地面拼花的绘制。

◆　绘制房间的对角线，中点即为房间中心点，用构造线命令"XL"，画出房间中心位置的辅助线，将辅助线进行修剪，并放置于"axis"图层上，同时打开"axis"图层，如图4-22，然后删除用来找房间中点的斜线。

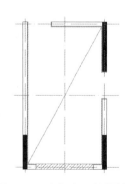

图4-22　房间中心位置线图

◆ 用多边形"PL"及复制命令，在屏幕任意位置绘制横向 3 个 600×600 的菱形以及纵向 6 个 600×600 的菱形。然后用测量工具"DI"测量菱形横向及纵向所需的距离。在命令行键入"DI"空格，提示指定第一点，点菱形左端点，再提示指定第二点，点菱形右端点。看命令提示行，X 增量的数值就是三个菱形的横向距离。再重复"DI"测量命令，测量六个菱形的纵向距离，拼花图案的纵横向尺寸具体如图 4-23 所示。

图 4-23　地材拼花的具体尺寸

◆ 按刚才量得的横向及纵向距离，将房间中心位置辅助线用偏移"O"命令，进行左右上下偏移，并用倒直角命令进行修剪，得到地材拼花所需要的外框矩形图案。并将其放置于图层"PL-地面铺装"，如图 4-24 所示。

◆ 使用填充图案命令绘制菱形地材拼花。键入"H"空格，弹出图案填充对话框，设置内容如图 4-25 （a）所示。单击设置新原点按钮 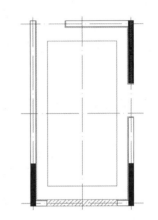 后，回到绘图屏幕，选择房间中心线的交叉点位置作为地砖铺贴的开始位置，如图 4-25 （b）所示选完中心点后，回到对话框，点选添加拾取点按钮，选择矩形区域内部位置，按鼠标右键回到对话框，点击预览按钮看地材铺贴的预览效果，符合要求，按确定结束命令，如图 4-25 （c）所示。

图 4-24　地材拼花外框矩形

（a）

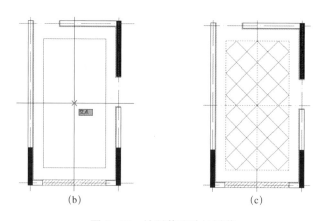

图 4-25　绘制菱形地材拼花

(a) 按参数设置；(b) 设置地材铺装中心点；(c) 预览效果

◆　使用直线和选择适当的修改等命令，进行周边波打线的绘制，波打线的具体尺寸如图 4-26 所示。并将 150mm 宽的波打线选用填充样式"AR-SAND"进行图案填充。

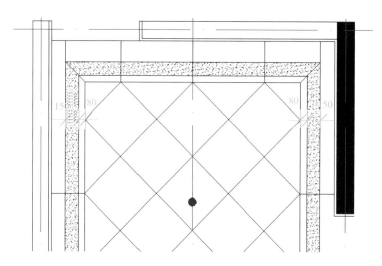

图 4-26　波打线尺寸及填充效果

【学习提示】

菱形地花的材质铺装的绘制，除了使用填充图案的方法，还可以使用绘制的方法进行操作。比如先用多边形绘制菱形再复制、镜像等，也可以采用 45°画直线的方法等等，绘图时可采用多种方法进行绘制。但不论哪种绘制方法，尽量从房间中心位置开始绘制，比较符合设计思考顺序及施工顺序。

### 3. 地材铺装尺寸标注

首先，将"PL – indim"图层置为当前层。然后用尺寸标注命令按图 4-27 所示标注地材尺寸。

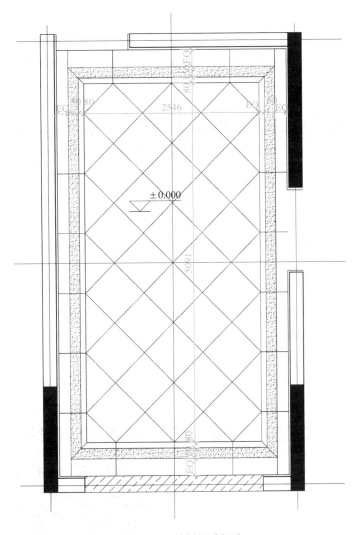

图 4-27　地材尺寸标注

【学习提示】

图中地材尺寸标注中 EQ 的作用。在室内地面材质的铺贴施工的操作中有时会有施工误差，为了控制房间中央地材拼花的完整性及尺寸，通常要告知施工操作人员地材拼花是由房间的中心为起点向四周铺贴，铺到房间的四边位置让其保留相同的距离以保证拼花图案正好居于房间的中心位置。EQ 的意思是两边尺寸相等。鼠标左键双击需修改尺寸数字的尺寸标注文字，在文本框中将尺寸数字修改为文字"EQ"。

**4. 文字标注**

（1）设置多重引线样式。利用多重引线标注，可以标注注释、说明等，如图中的材料做法。

◆　在命令行键入"MLEADERSTYLE"，回车弹出"多重引线样式管理器"对话框。单击新建，在样式名下键入"说明"，如图 4-28 所示。

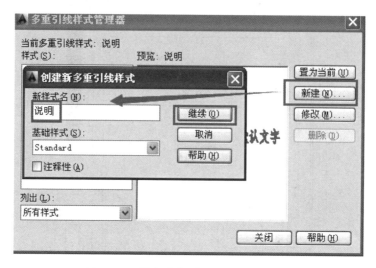

图 4-28　创建"说明"多重引线样式名

◆　点击继续，弹出"修改多重引线样式：说明"，选择"引线格式"选项卡，修改参数如图 4-29 所示。

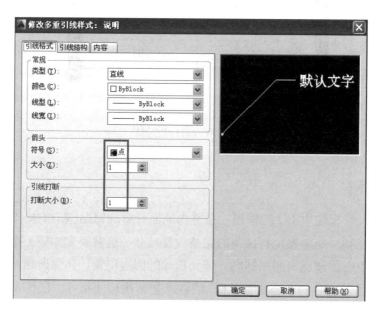

图 4-29　引线格式选项卡设置

◆　选择"引线结构"选项卡。修改参数如图 4-30 所示。

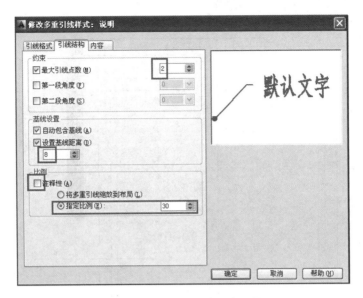

图 4-30　引线结构选项卡设置

◆　选择"内容"选项卡。修改参数如图 4-31 所示。

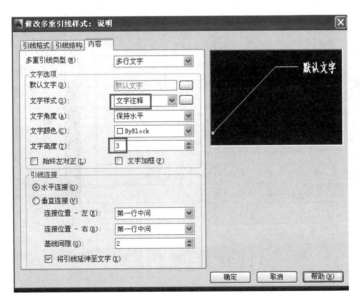

图 4-31　内容选项卡设置

◆　单击确定，点击"说明"将其置为当前，并关闭管理器。

（2）执行 MLEADER（引线）命令，在命令行提示下，指定引线箭头位置，并引出光标在适当位置单击鼠标左键，指定引线基线位置。

（3）用动态文字标写文字，文字样式采用"文字注释"样式，字高：90mm。文字内容如图 4-32 所示。图名采用字高：210mm。比例数字字高：90mm。

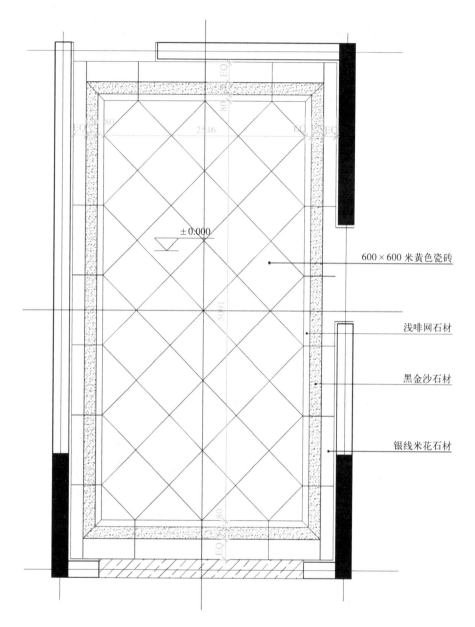

±0.000

600×600 米黄色瓷砖

浅啡网石材

黑金沙石材

银线米花石材

客厅及餐厅地面铺装图 1 : 30

注：±0.000 为地面材料完成面

图 4-32 文字标注内容

**【技能训练——抄绘卧室地面铺装图】**

抄绘制一个卧室单元的地面铺装图，抄绘卧室的内容要求具体如图 4-33 所示。并以"卧室地面铺装图"为文件名保存 dwg 格式的电子文档。

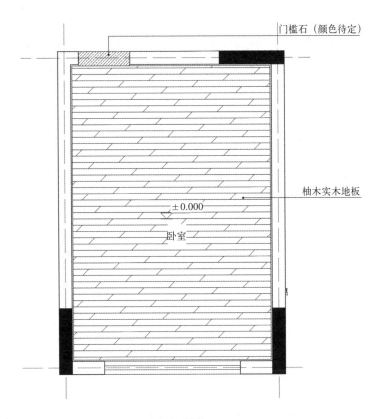

卧室地面铺装图 1∶30

注：±0.000 为地面材料完成面标高

图 4-33 卧室地面铺装图

【任务评价】

任务评价表

| | 评价内容 | | 评价 | | | |
|---|---|---|---|---|---|---|
| | | | 很好 | 较好 | 一般 | 还需努力 |
| 学生自评（40%） | 已学知识在本任务中的应用 | 设置基本绘图环境 | | | | |
| | | 图层设置 | | | | |
| | | 尺寸样式设置 | | | | |
| | | 文字样式设置 | | | | |
| | | 保存图形文件 | | | | |
| | 掌握绘图命令与修改命令的操作方法 | 构造线应用 | | | | |
| | | 测量命令应用 | | | | |
| | | 图案填充命令的应用 | | | | |
| | | 特性命令修改对象特性的应用 | | | | |
| | 绘图速度 | 按时完成任务及练习 | | | | |

续表

| | 评价内容 | | 评价 | | | |
|---|---|---|---|---|---|---|
| | | | 很好 | 较好 | 一般 | 还需努力 |
| 组间互评<br>(20%) | 整组完成效果 | 任务及练习的完成质量 | | | | |
| | | 任务及练习的完成速度 | | | | |
| | 小组协作 | 组员间的相互帮助 | | | | |
| 教师评价<br>(40%) | 制图规范的掌握 | 按制图规范进行绘图 | | | | |
| | 命令的掌握 | 对已学命令在本任务中的应用 | | | | |
| | | 命令的熟练运用 | | | | |
| | 绘图方法 | 绘制装饰图纸的顺序和步骤 | | | | |
| | 完成效果 | 图形的准确性 | | | | |
| | 综合评价 | | | | | |

【知识链接】

标高的尺寸按制图规范要求绘制,然后按出图比例放大。比如出图比例是 1:30,就将标高符号及数值放大 30 倍。首层标高"±0.000"的正负号,在键入文字时,前面先打"%%P"就会自动转换为正负号。规范规定:标高符号应以直角等腰三角形表示,≈3mm ▽ ,标高字体高度为 3mm。

# 任务 3  绘制客厅及餐厅顶棚平面布置图

【任务描述】

顶棚是指建筑空间结构板下的覆盖层。顶棚造型图纸主要表达顶棚的造型设计和灯具布置,同时也表达室内空间的标高关系、尺寸以及装饰材料等。其中主要包含的内容有:装饰造型、灯具、标高、尺寸以及相应的文字说明等。

本任务也是在任务一客厅及餐厅平面布置图的 CAD 文件上进行修改,主要表达客厅及餐厅顶棚造型样式及其使用的装饰材料,和灯具的配置情况。

客厅及餐厅顶棚平面布置图所绘制的内容要求具体如图 4-34 所示。

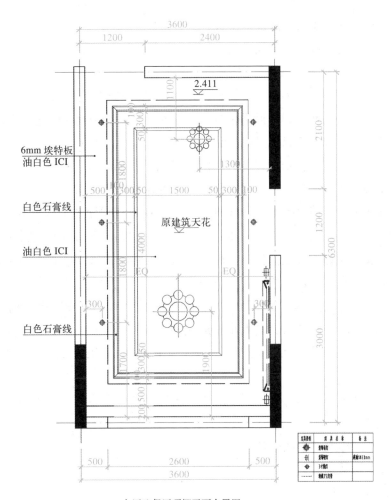

客厅及餐厅顶棚平面布置图 1 : 30

图 4-34    客厅及餐厅顶棚平面布置图

【学习支持】

1. 室内顶棚平面图是跟室内平面布置图相对应的，它是采用镜像投影图原理绘制成的。为了理解室内顶棚的图示方法，可以假想室内地面上水平放置的平面镜中映出的顶棚在地平面上的图像，它能比较完整地展示顶棚布置和装修情况。

2. 顶棚平面图表达的内容包括以下几个方面：

（1）被水平剖切面剖到的墙、柱和壁柱；

（2）墙上的门、窗与洞口（有时也可不画）；

（3）顶棚的形式与构造；

（4）顶棚上的灯具、风口、自动喷淋、烟感报警器、扬声器、浮雕及线脚等装饰，它们的名称、规格和能够明确其位置的尺寸；

（5）顶棚及相关装饰的材料和颜色；

（6）顶棚底面及分层吊顶底面的标高；

（7）标注详图索引符号、剖切符号；

（8）图名与比例。

3.顶棚平面图是一种水平剖面图，由于水平剖切面的位置不同，剖切到的内容也不同，门窗的表示方法也就不同。通常情况下，水平剖切面剖切不到门窗，因此在绘制顶棚平面图时，门窗可省去不画，只画露线。

顶棚平面图的图名的表示位置及方法同平面图。楼梯要画出楼梯间的墙，电梯要画出电梯井，可以不画楼梯踏步和电梯符号，即不画轿厢和平衡重。

按正投影原理，顶棚上的浮雕、线脚等均应画在顶棚平面图上。但有些浮雕或线脚可能比较复杂，难以在这个比例尺较小的平面图中画清楚，可以用示意的方式表示。如周边石膏线脚或木线脚，可以简化为一两条细线，浮雕石膏花等可以只画大轮廓等，然后再另画大比例尺的详图表示之。

灯具也采用简化画法。如筒灯可画一个小圆圈加十字，吸顶灯只画外部大轮廓加十字、但大小与形状应与灯具的真实大小和形式相一致，通风口、烟感报警器和自动喷淋等，按理应该画在图纸上，如果由于工种配合上的原因，后续工种一时提不出具体资料，也可不画

4.绘制室内装饰平面图通常按以下的步骤进行，各人可以根据自己不同的绘图习惯适当做一些调整：

（1）设置绘图环境（绘图准备）。

（2）绘制主体结构。

（3）绘制顶棚造型。

（4）绘制灯具布置。

（5）标注尺寸、标高。

（6）标注文字。

【任务实施】

1.**绘图准备**。打开任务一保存的"客厅及餐厅平面布置 .dwg"文件，将里面的家具布置及文字标注等删除，另存为"客厅及餐厅顶棚平面布置 .dwg"。将"PL-顶棚"设置为当前层。删除平面图中的门，加门的过梁边线，如图 4-35 所示。

2.**绘制顶棚造型**

（1）使用偏移命令"O"，将四周的内墙边线向内进行偏移。偏移距离如下：左右内墙及上方内墙向内偏移 500mm，下方（门洞口侧）内墙边线向内偏移 700mm。然后采用圆

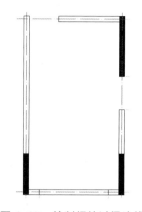

图 4-35　绘制门的过梁边线

角命令"F",对四条偏移好的边线进行倒直角处理,形成顶棚造型的外轮廓。

(2)因为原来的四条边线是由墙线偏移得到的,它们原来的所在图层是"PL-wall",将顶棚造型外轮廓的四条边线修改至"PL-顶棚"图层。

(3)将顶棚造型外轮廓的四条边线连接成一条闭合的复合线,方便下一步偏移操作。连接闭合复合线的命令使用"多段线编辑"命令,键入快捷键"PE",命令提示行出现:**PEDIT** 选择多段线或 [**多条(M)**]:用鼠标点选其中一条边线。命令提示行出现:**PEDIT** 是否将其转换为多段线? <Y>,键入"Y"空格,出现快捷菜单后,键入"J"(合并)后,命令提示行出现:**PEDIT** 选择对象:,这时用光标实线框选四条边线,两次空格(或回车)结束命令,这时原来的四条单独连线就闭合一条连续的复合线。

图 4-36  顶棚造型

(4)将刚才闭合的矩形进行偏移"O"操作。偏移距离依次为:100、300、50mm。绘制出顶棚造型及石膏线。并将下方(门洞口侧)内墙边线向内偏移 200mm,做成窗帘盒的可见线,如图 4-36 所示。

(5)再次使用偏移命令,偏移出石膏的细部可见线,偏移距离:20mm,如图 4-37 所示。

图 4-37  石膏细部造型线

### 3. 顶棚灯具绘制

(1)将"PL-灯具"图层置为当前层。

(2)绘制 3 寸筒灯。3 寸筒灯的直径通常为 90mm 左右,在图纸中只需示意表达,以符号表示即可。用圆命令画出筒灯的图例符号,圆的外直径为 100mm,如图 4-38 所示。

图 4-38  筒灯图例符号

(3)在顶棚平面图用辅助线定出左侧筒灯位置。筒灯中心点距离左侧内墙边线为 300mm,最下方筒灯距离窗帘盒线距离 1500mm,如图 4-39 所示。

(4)将筒灯图例符号移动到辅助线的交叉点位置,并将筒灯按距离进行复制,复制距离为 1800mm。(筒灯中心点间距:1800mm。)定距离复制操作方法:键入"CO"空格,选择筒灯后,指定基点——选择筒灯的中心点,向上垂直移动 1800mm(用键盘键入 1800mm),回车结束命令。删除辅助线,将左侧三个筒灯镜像至右侧,如图 4-40。

图 4-39　筒灯中心点位置辅助线

图 4-40　镜像筒灯

（5）插入客厅吊灯及餐厅灯图块，灯具插入的位置如图 4-41 所示。

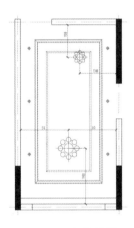

图 4-41　灯具位置

（6）绘制顶棚暗藏 T5 灯管。将顶棚造型的外轮廓的矩形向偏移 100mm，将偏移后的矩形线条修改为虚线的线型 "ACAD_IS002W100"，最后将虚线的宽度改成 10 宽，如图 4-42 所示。

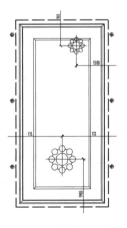

图 4-42　暗藏 T5 灯管

（7）绘制电视背景墙藏灯。将客厅及餐厅平面布置图中的电视机背景墙的平剖面图形按原位复制到顶棚平面图中，并在其内部将暗藏的灯管以图例符号的形式绘制上去。结果如图 4-43 所示。

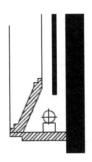

图 4-43　电视背景墙暗藏 T5 灯管

（8）绘制电视背景墙壁灯。灯具插入的位置见图 4-44 所示，用插入"I"命令，插入图块。

图 4-44　壁灯位置

（9）绘制灯具列表。用直线工具画出表格，表格中表示出灯具的图例符号以及灯具名称，如图 4-45 所示，灯具列表所在图层是"PL-text"。表内文字高度：90mm。

| 灯具图例 | 灯具名称 | 备注 |
|---|---|---|
| ✵ | 装饰吊灯 | |
| ⊞ | 装饰壁灯 | 离地 1800mm |
| ⊕ | 3 寸筒灯 | |
| - - - - - - | 暗藏 T5 灯管 | |

图 4-45　灯具列表

## 4.尺寸及标高标注

将当前层设置为"PL-indim"，用来标注顶棚造型尺寸、顶棚灯具安装位置尺寸以及标高。

（1）用尺寸标注命令标注灯具安装位置尺寸，具体内容如图4-46所示。

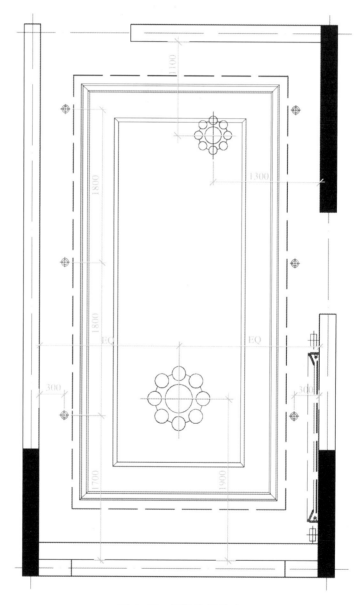

图4-46  灯具位置尺寸

（2）用尺寸标注命令标注顶棚造型位置尺寸，具体内容如图4-47所示。

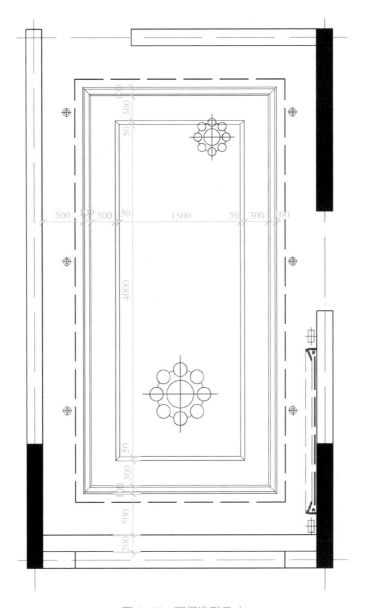

图 4-47　顶棚造型尺寸

（3）对顶棚造型进行标高标注，具体内容如图 4-48 所示。

原建筑顶棚

图 4-48　标高尺寸

（4）顶棚尺寸标注完成后最终效果如图 4-49 所示。

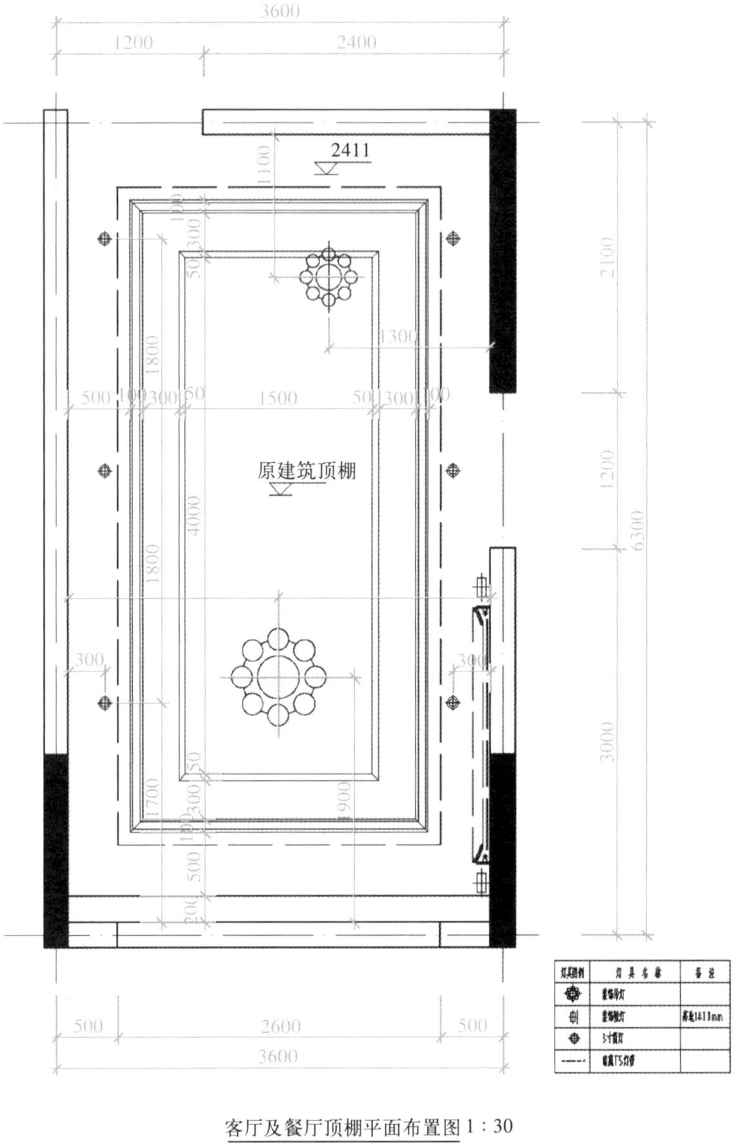

客厅及餐厅顶棚平面布置图 1∶30

图 4-49　顶棚尺寸标注图最终完成效果

### 5. 文字标注

（1）执行 MLEADER（引线）命令，在命令行提示下，指定引线箭头位置，并引出光标在适当位置单击鼠标左键，指定引线基线位置。文字标注放置于"PL-text"层。

（2）用动态文字标写文字，文字样式采用"文字注释"样式，字高：150mm。文图名采用字高：210mm。比例数字字高：150mm。

（3）文字标注内容及顶棚平面布置图最终完成效果如图 4-50 所示。

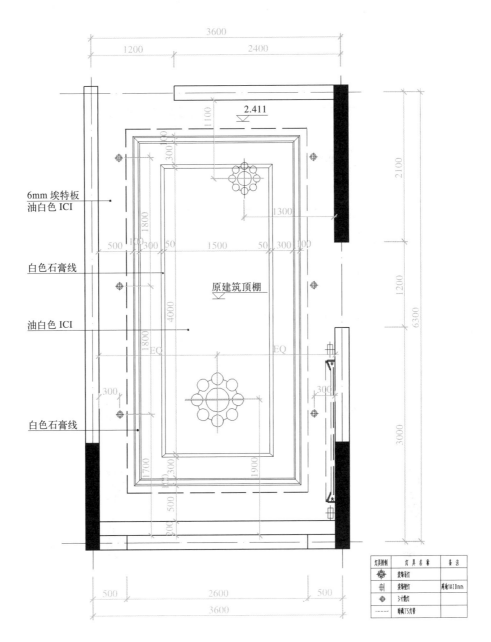

6mm 埃特板
油白色 ICI

白色石膏线

油白色 ICI

白色石膏线

原建筑顶棚

2.411

客厅及餐厅顶棚平面布置图 1：30

图 4-50  顶棚平面布置图最终完成效果

【技能训练——抄绘卧室顶棚平面布置图】

绘制一个卧室单元的卧室顶棚平面布置图，抄绘卧室的内容要求具体如图 4-51 所示。并以"卧室顶棚平面布置"为文件名保存 dwg 格式的电子文档。

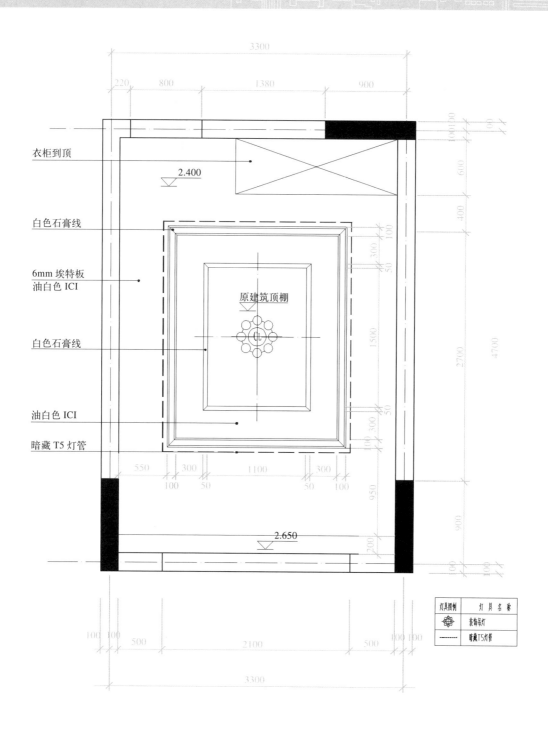

衣柜到顶

2.400

白色石膏线

6mm 埃特板
油白色 ICI

白色石膏线

原建筑顶棚

油白色 ICI

暗藏 T5 灯管

2.650

| 灯具图例 | 灯 具 名 称 |
|---|---|
|  | 装饰吊灯 |
| ---------- | 暗藏T5灯管 |

卧室顶棚平面布置图 1：30

图 4-51　卧室顶棚平面布置

## 【任务评价】

任务评价表

| 评价内容 | | 评价 | | | |
|---|---|---|---|---|---|
| | | 很好 | 较好 | 一般 | 还需努力 |
| 学生自评 (40%) | 已学知识在本任务中的应用 | 设置基本绘图环境 | | | | |
| | | 图层设置 | | | | |
| | | 尺寸样式设置 | | | | |
| | | 文字样式设置 | | | | |
| | | 保存图形文件 | | | | |
| | 掌握绘图与修改命令的操作方法 | 多段线编辑命令的应用 | | | | |
| | 绘图速度 | 按时完成任务及练习 | | | | |
| 组间互评 (20%) | 整组完成效果 | 任务及练习的完成质量 | | | | |
| | | 任务及练习的完成速度 | | | | |
| | 小组协作 | 组员间的相互帮助 | | | | |
| 教师评价 (40%) | 制图规范的掌握 | 按制图规范进行绘图 | | | | |
| | 命令的掌握 | 对已学命令在本任务中的应用 | | | | |
| | | 命令的熟练运用 | | | | |
| | 绘图方法 | 绘制装饰图纸的顺序和步骤 | | | | |
| | 完成效果 | 图形的准确性 | | | | |
| 综合评价 | | | | | |

## 【知识链接】

1. 电视背景墙在室内设计布局时，常处于客厅的主导视觉位置，因此设计师通常将背景墙设计的高度设置至顶棚底，以达到突出醒目的视觉效果。由于背景墙在顶棚平面中的位置固定，属于固定家具部分，在顶棚平面布置图的表达中要将固定于顶棚底的家具绘制表达出来，同时要表达其内部是否安装有灯具或其他设备的内容。

2. 图纸内的文字的字高按制图规范选用 3 号字、5 号字或者 7 号字。然后按出图比例再等比例广大。比如：选用 3 号字，字高为 3mm，出图比例如果为 1：30，那字体在图纸内的字高就为 3×30=90mm 高度。

# 任务4 绘制客厅及餐厅立面图

## 【任务描述】

客厅是整个室内空间的公共空间部分，也是整个室内空间的门面部分。客厅的家具陈设的设置、色调搭配、灯具选用、灯光设置等都能反映业主的性格爱好。

在绘制客厅立面图时，是对客厅墙面及家具陈设等的正投影图进行绘制，它表达了墙面的装饰样式、位置尺寸以及装饰用料，同时标示了墙面与家具陈设、门窗、隔断等的高度和长度的定位关系。以及墙面与顶棚、地面的衔接关系。立面图是施工的重要依据。

客厅及餐厅立面图所绘制的内容要求具体如图4-52所示。

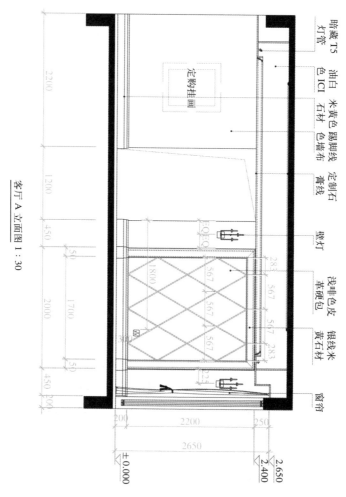

图4-52 客厅A立面图

【学习支持】

1. 室内立面图是将室内空间立面向与之平行的投影面上投影，所得到的正投影图成为室内立面图。

2. 室内装饰立面图图形主要表达：

（1）表示立面的宽度和高度；

（2）墙柱面的主要造型（如壁饰、装饰线、固定于墙身的柜、台、座的轮廓线装饰件等）；

（3）吊顶顶棚及吊顶以上的主体结构（如梁、板等）；

（4）墙、柱面的饰面材料、涂料的名称、规格、颜色、工艺说明等；

（5）立面图的图名标注位置和方法同平面图、顶棚图。

3. 为使图面清晰富有立体感，层次感强方便识读，立面图也要求采用多种线型绘制。按现行建筑制图标准中规定，立面图中的外轮廓线用粗实线绘制，构配件的轮廓线用中粗实线绘制，标高、引出线等用中实线绘制，墙面的分格线等用细实线绘制。

4. 室内立面图中高度方向的尺寸通常用标高和尺寸标注来表示。

（1）标高要求标注出室内地面材料完成面标高、吊顶顶棚的底面标高、结构楼板的底面标高。

（2）竖向尺寸标注通常由两道或三道尺寸组成。最外道尺寸标注地面完成面至结构板底面的总高度；第二道尺寸标注构配件的外部轮廓的分界尺寸；最里面一道尺寸标注立面装饰构配件里面的分隔尺寸（或细部尺寸）。

（3）横向尺寸通常由两或三道尺寸组成。最外道是总尺寸。第二道是墙面固定装饰构配件（包括固定家具）外轮廓的分界尺寸；最里面一道是立面装饰构配件里面的分隔尺寸（或细部尺寸）。也可以在立面图上标注一些必要的局部尺寸。

5. 室内立面图的绘制步骤：

（1）绘图准备；

（2）绘制主体结构；

（3）绘制地面完成面；

（4）绘制立面造型；

（5）标注尺寸、标高；

（6）标注文字。

【任务实施】

**1. 绘图准备**

（1）打开任务一保存的"客厅及餐厅平面布置.dwg"图形文件，将文件另存为"客厅及餐厅立面图"。

（2）删除平面图中的尺寸。

（3）将平面图逆时针旋转 90°，如图 4-53 所示。

图 4-53　平面图旋转 90°

（4）将该平面图做成图块。做成图块的简捷方式：用"Ctrl+X"剪切命令，将平面图全部选择，进行剪切操作；然后用"Ctrl+Shift+V"做块及粘贴命令，将平面图插至屏幕任意位置，做成图块。

【学习提示】

上述图块的制作方式只是简易的临时的图块制作，并没有正式的图块名。它的图块名生成是由计算机自动生成的。如果为了以后插入图块的方便使用，还是应制作详细的图块，有正规图块名及存储位置为宜。图块的制作与插入在项目二任务七中有详细介绍，请同学们参阅前面的步骤进行操作。

**2. 对平面图进行剪裁操作**

使用外部参照剪裁命令对平面图进行剪裁操作，隐藏平面图中不需要对照来制作立面图的其他部分，只保留电视机背景及餐桌附近位置的平面，方便对照绘制出客厅背景墙的立面正投影图。

命令：CXCLIP ↙

XCLIP 选择对象：点选或者框选整个平面图图块↙

XCLIP[ 开（ON）关（OFF）剪裁深度（C）删除（D）生成多段线（P）新建边界（N）]< 新建边界 >：N ↙

XCLIP[ 选择多段线（S）多边形（P）矩形（R）反向剪裁（I）]< 矩形 >：R ↙

XCLIP 指定第一个角点：用光标在平面图的背景墙所在墙面位置框选一个矩形框，结束命令。

这时，平面图块就会将不需要的部分隐藏起来，如图 4-54 所示。

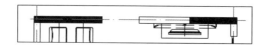

图 4-54　外部参照剪裁平面图

剪裁后的部分平面图外部有一个剪裁框，为了图面的视觉效果，可以将此框隐藏起来。

命令：XCLIPFRAME ↙

XCLIPFRAME 输入 XCLIPFRAME 的新值 <2>: 0 ↙

此时边框就可隐藏，如图 4-55 所示。

图 4-55　隐藏剪裁外部参照边框

【学习提示】

1.外部参照剪裁（XCLIP）。其快捷命令是"XCL"。此命令是指根据指定边界修剪选定外部参照或块参照的显示。剪裁边界决定块或外部参照中隐藏的部分（边界内部或者外部）。剪裁边界的可见性由 XCLIPFRAME 系统变量控制。

提示：也可使用常规 CLIP 命令剪裁图像、外部参照、视口和参考底图。操作方法同 XCLIP。使用 CLIP 命令时其剪裁边界的可见性由 FRAME 系统变量控制。

选项内容：

开（ON）：显示当前图形中外部参照或块的被剪裁部分。

关（OFF）：显示当前图形中外部参照或块的完整几何图形，忽略剪裁边界。

删除（D）：为选定的外部参照或块删除剪裁边界。要临时关闭剪裁边界，请使用"关"选项。"删除"选项将删除剪裁边界和剪裁深度。不能使用 ERASE 命令删除剪裁边界。

生成多段线（P）：自动绘制一条与剪裁边界重合的多段线。此多段线采用当前的图层、线型、线宽和颜色设置。当用 PEDIT 修改当前剪裁边界，然后用新生成的多段线重新定义剪裁边界时，请使用此选项。要在重定义剪裁边界时查看整个外部参照，请使用"关"选项关闭剪裁边界。

新建边界（N）：定义一个矩形或多边形剪裁边界，或者用多段线生成一个多边形剪裁边界。

矩形：使用指定的对角点定义矩形边界。

多边形：使用指定的多边形顶点中的三个或更多点定义多边形剪裁边界。

反向剪裁：反转剪裁边界的模式：剪裁边界外部或边界内部的对象。

2.XCLIPFRAME 系统变量。定外部参照剪裁边界在当前图形中是否可见或进行打印。

0：边框不可见且不打印。在选择集预览或对象选择期间，将暂时重新显示该边框。

1：显示并打印剪裁外部参照边框。

2：显示但不打印剪裁外部参照边框。

### 3.绘制客厅及餐厅立面墙及梁、楼板等结构构件。

对照平面图，在屏幕上绘制出客厅及餐厅所在位置的楼板及梁的构件。当前图层设为"EL-结构线"，并将结构部分用填充命令进行填充黑色处理。如图4-56所示。楼板厚度：100mm，梁高：500mm，梁宽：200mm，层高：3100mm。

【学习提示】

本任务内容的立面图出图比例为：1：30。因此结构部分的填充可以采用图例填充，但现大多数设计事务所为了能明显区分出建筑结构部分与装饰结构部分的衔接关系，会采用填充黑色的处理。

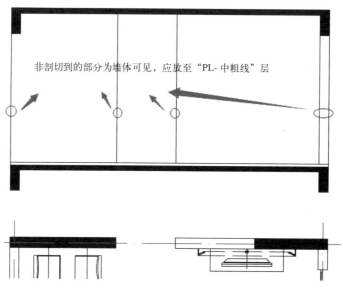

图4-56 绘制客厅及餐厅立面结构层

### 4.绘制地面完成面的边线

将当前图层设为"EL-中粗线"层，由建筑地面线偏移50mm距离，将偏移好的线放置"EL-中粗线"层。完成效果如图4-56所示。

【学习提示】

在室内施工操作时，门的安装通常置放于地砖（或门槛石）上方，因此，门的位置应在地面材料完成面上方。

### 5.绘制立面图中顶棚的构造及位置

（1）打开客厅及餐厅顶棚面置图，以简易制作图块的方法，将做成图块并复制粘贴到立面图文件中，置于平面图下方。

（2）用XCLIP（外部参照剪裁）命令，隐藏不需要部分。如图4-57所示。

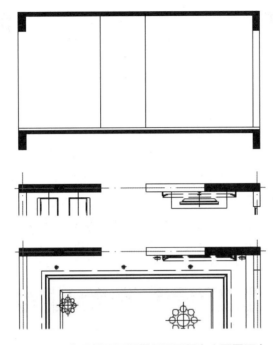

图 4–57　将顶棚平面图置于平面图和立面图下方

（3）对照顶棚平面图，使用射线"XL"命令做辅助线绘制出顶棚的剖立面图。石膏板构造（包括龙骨、板及扇灰）厚度定为：20mm，石膏线高：100mm，窗帘盒高度：2650mm。在适当位置绘制出龙骨的吊杆。石膏线可用插入图块。如图 4-58 所示。

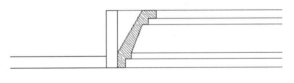

图 4–58　顶棚石膏线

（4）客厅顶部原建筑顶棚处所设置的顶棚线条尺寸详见图 4-59 所示。

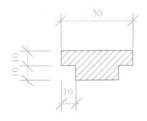

图 4–59　顶棚石膏线尺寸

（5）顶棚剖立面完成情况如图 4-60 所示。

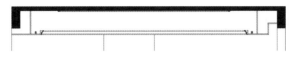

图 4–60 顶棚剖立面完成图

【学习提示】

1. 图线粗细的区分：顶棚在立面中的表达为剖立面，因此剖切至部分线型应为中粗线，放至"EL- 中粗线"层，看到的部分线型应为细线，放至"EL- 细线"层。

2. 删除图块内内容的方法：

（1）双击顶棚平面图块，出现图 4-61 所示对话框：里面有一个图块名是当时创建顶棚平面简易图块时，计算机自动生成的。点击确定，进入图块编辑修改界面。

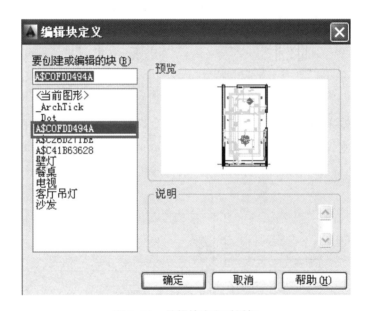

图 4–61 编辑块定义对话框

（2）删除图中不需要的文字及尺寸、标高标注。

（3）修改完毕后，点击"关闭块编辑器"如图 4-62 所示。

6. 绘制立面图中踢脚线

绘制立面图中的踢脚线。踢脚线的详细尺寸见图 4-63 所示。踢脚线属于立面上次构件的轮廓线，因此放置于"EL- 中粗线"层。踢脚线完成后的立面效果如图 4-64 所示。

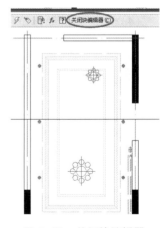

图 4–62 关闭块编辑器

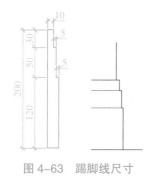

图 4-63　踢脚线尺寸

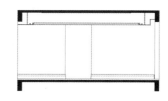

图 4-64　踢脚线完成后的立面效果

### 7. 绘制客厅电视背景墙

（1）用射线"XL"命令，从平面图中的电视背景墙平剖图引辅助线至立面图中，然后使用直线和倒直角等绘图及修改命令将石材做成的背景墙的正立面投影图绘制出来，如图 4-65 所示。

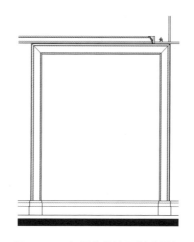

图 4-65　电视背景墙石材造型框

【学习提示】

室内立面施工图的图线处理：立面外轮廓线为粗实线，门窗洞、立面墙体的转折等可用中实线绘制，装饰线脚、细部分割线、引出线、填充等内容可用细实线。立面活动家具及活动艺术品陈设应以虚线细线表示。

在本案的电视背景墙的立面绘制处理中，它属于一个完整的装饰构件，因此它的外轮廓线采用中粗线，放到"EL- 中粗线"层。在外轮廓内部的石材的转折装饰线条，可采用细实线，以进行区分，并让立面图看起到更有层次感，放到"EL- 细线"层中。

（2）绘制背景中的皮革硬包。

制作步骤如下：

◆　将石材造型框的左边竖线等分 4 份，并显示等分点。同理将将石材造型框的顶部水平线等分 6 份，并显示等分点如图 4-66 所示。

图 4-66    等分电视背景墙边线

◆    将当前层设为"EL- 细线"层，用直线及复制命令斜向连接各等分点，可用捕捉点辅助工具准确捕捉点标志，如图 4-67 所示。

图 4-67    连接等分点图

◆    将连接好的等分沿石材边框上部水平线的中心位置进行镜像，如图 4-68 所示。

图 4-68    镜像斜线

◆ 使用复制"CO"、修剪"TR"、延伸"EX"等命令，将线条补充完整，结果如图 4-69 所示。

图 4-69 硬包修剪后效果

### 8. 绘制餐厅背景墙

餐厅背景墙的装饰是一幅现购的装饰画。因为装饰画属于陈设展览品，并非固定家具，因此用虚线表示。并置于"EL- 细线"层。用矩形命令绘制长：800mm，宽：1000mm 的矩形，然后向偏移 100mm。将其改变线型为虚线。将挂画置于餐厅背景墙合适的位置，如图 4-70 所示。

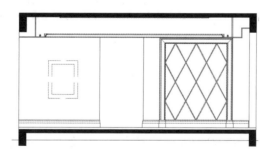

图 4-70 餐厅背景墙挂画位置

### 9. 插入壁灯和窗帘、推拉门图块，如图 4-71 所示

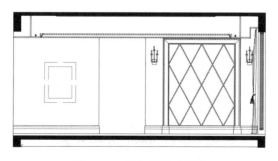

图 4-71 插入图块后效果

（1）将当前层设为"EL-fur"。

（2）用插入图块命令，插入窗帘立面图块。

（3）用插入图块命令，插入壁灯立面图块。壁灯座中点离地面完成面高度距离：1800mm。离石材背景墙右侧外边线（窗帘所在侧）mm。右侧壁灯安装位置在门洞侧边墙的中心位置。

（4）用插入图块命令，插入推拉门立面图块。

### 10. 尺寸和标高标注

（1）将当前层设置为"EL-dim"，用来标注立面图尺寸以及标高。

（2）标注立面墙体位置尺寸、固定家具的细部尺寸，以及空间高度尺寸，体内容如图 4-72 所示。

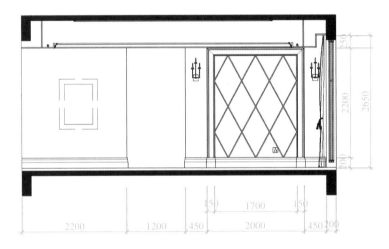

图 4-72　外部尺寸标注

（3）标注立面内部设备的细部安装位置尺寸。例如灯具安装点，插座安装位置尺寸等。以及需要告知施工操作人员的施工尺寸。具体内容如图 4-73 所示。

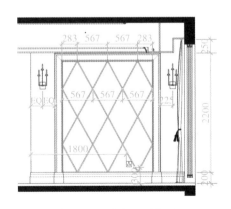

图 4-73　内部尺寸标注

（4）标注顶棚底标高以及地面完成面标高。具体内容如图 4-74 所示。

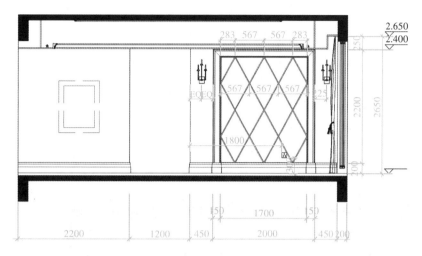

图 4-74　完成尺寸及标高标注

## 11. 文字标注

（1）执行 MLEADER（引线）命令，在命令行提示下，指定引线箭头位置，并引出光标在适当位置单击鼠标左键，指定引线基线位置。

（2）用动态文字标写文字，文字样式采用"文字注释"样式，字高：90mm。文字内容如图 4-75 所示。图名采用字高：210mm。比例数字字高：90mm。

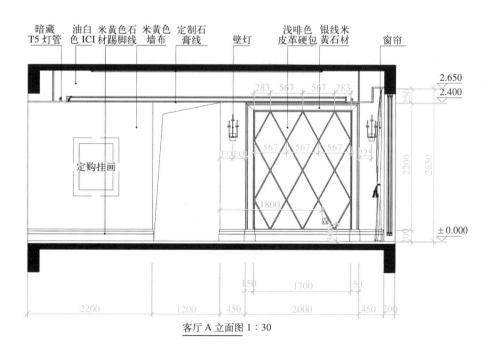

客厅 A 立面图 1 : 30

图 4-75　客厅立面完成图

【学习提示】

中间门洞部分，应用空洞符号的图例表示。

【技能训练——抄绘卧室立面图】

绘制一个卧室单元的立面图，抄绘卧室的内容要求具体如图 4-76 所示，并以"卧室立面"为文件名保存 dwg 格式的电子文档。

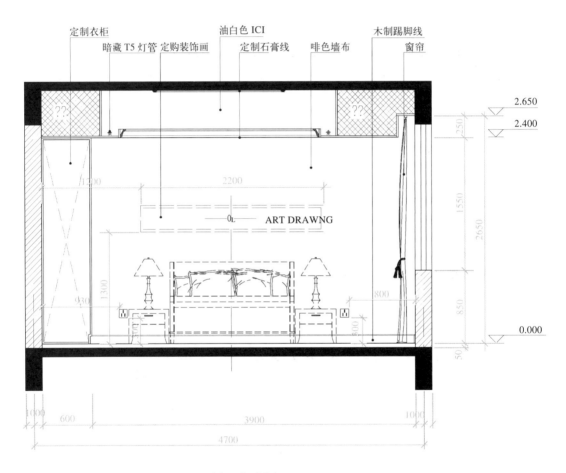

卧室 A 立面图 1：30

图 4-76 卧室 A 立面图

## 【任务评价】

任务评价表

| 评价内容 | | 评价 | | | |
|---|---|---|---|---|---|
| | | ≈很好 | 较好 | 一般 | 还需努力 |
| 学生自评 (40%) | 已学知识在本任务中的应用 | 设置基本绘图环境 | | | | |
| | | 图层设置 | | | | |
| | | 尺寸样式设置 | | | | |
| | | 文字样式设置 | | | | |
| | | 保存图形文件 | | | | |
| | 掌握绘图命令与修改命令的操作方法 | 定量等分命令的应用 | | | | |
| | | 引线命令的应用 | | | | |
| | 绘图速度 | 按时完成任务及练习 | | | | |
| 组间互评 (20%) | 整组完成效果 | 任务及练习的完成质量 | | | | |
| | | 任务及练习的完成速度 | | | | |
| | 小组协作 | 组员间的相互帮助 | | | | |
| 教师评价 (40%) | 制图规范的掌握 | 按制图规范进行绘图 | | | | |
| | 命令的掌握 | 对已学命令在本任务中的应用 | | | | |
| | | 命令的熟练运用 | | | | |
| | 绘图方法 | 绘制装饰图纸的顺序和步骤 | | | | |
| | 完成效果 | 图形的准确性 | | | | |
| 综合评价 | | | | | | |

## 【知识链接】

室内立面施工图的绘制中，只需要将墙面上的硬装饰的造型及所用的材料、陈设、灯具、设备表达清楚即可，而不在墙面上固定的活动家具等——如餐桌、沙发、电视柜等可不绘制出来。如果要绘制这部分家具，需要采用虚线线型，以免跟墙面的硬装部分搞混，影响施工操作人员的阅读施工图错误出现失误。

# 任务 5　绘制两房两厅住宅室内装饰图

## 【任务描述】

本任务通过对一套完整的两房两厅的家居空间的装饰图纸的绘制，让学生全面掌握装饰家居装饰施工图纸的绘制过程和绘制步骤。进而通过【技能训练】练习，能独立完成全套装饰施工图纸的抄绘练习。

两房两厅住宅室内装饰图绘制的内容要求具体如图 4-77（一）～图 4-77（六）所示。

两房两厅住宅平面布置图　　1：50

| （学校名称） | 专业 | | 图号 | PL-001 |
|---|---|---|---|---|
| | | | 比例 | 1：50 |
| 班级 | | 两房两厅住宅平面布置图 | 日期 | |
| 姓名 | | | 成绩 | |
| 学号 | | | 审批 | |

（a）

图 4-77 （一）

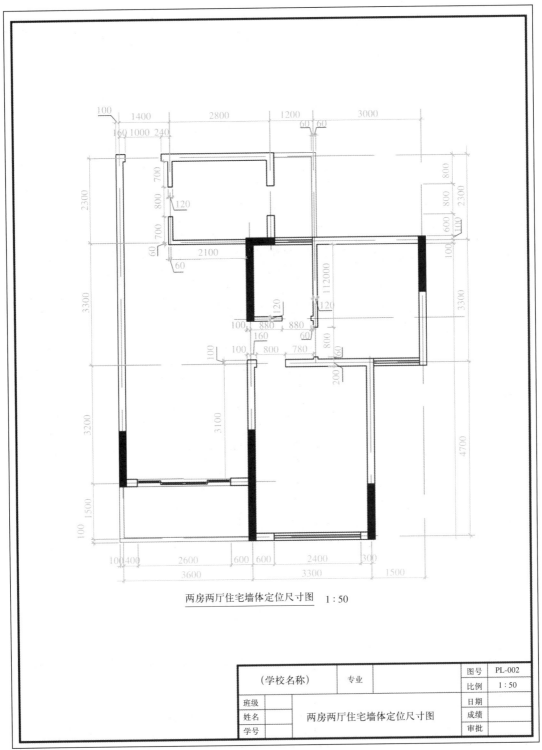

两房两厅住宅墙体定位尺寸图　1：50

| （学校名称） | | 专业 | | 图号 | PL-002 |
| --- | --- | --- | --- | --- | --- |
| | | | | 比例 | 1：50 |
| 班级 | | 两房两厅住宅墙体定位尺寸图 | | 日期 | |
| 姓名 | | | | 成绩 | |
| 学号 | | | | 审批 | |

(b)

图 4-77 （二）

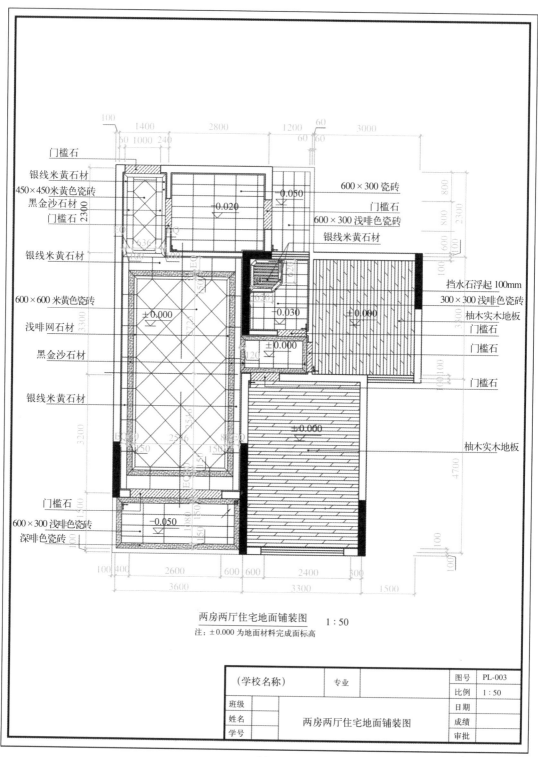

两房两厅住宅地面铺装图 1：50
注：±0.000 为地面材料完成面标高

| （学校名称） | 专业 | | 图号 | PL-003 |
| --- | --- | --- | --- | --- |
| | | | 比例 | 1：50 |
| 班级 | | 两房两厅住宅地面铺装图 | 日期 | |
| 姓名 | | | 成绩 | |
| 学号 | | | 审批 | |

(c)

图 4-77 （三）

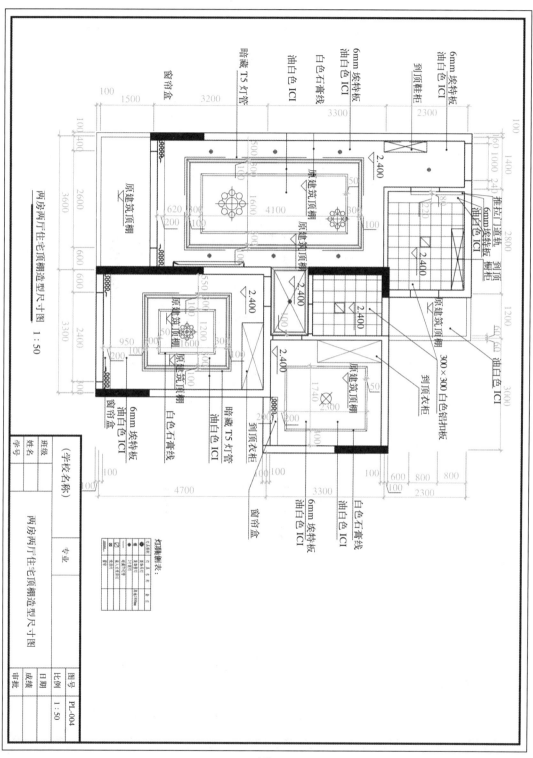

(d)

图 4-77 （四）

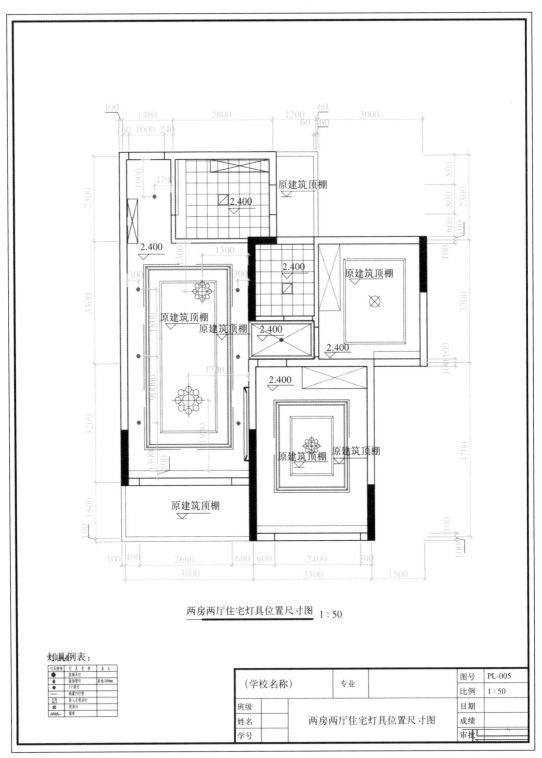

两房两厅住宅灯具位置尺寸图 1:50

灯具例表:

| 灯具图例 | 灯具名称 | 备注 |
|---|---|---|
| | 装饰吊灯 | |
| | 装饰壁灯 | 离地1500mm |
| | 3寸筒灯 | |
| | 暗藏T5灯管 | |
| | 嵌入式格栅灯 | |
| | 吸顶灯 | |
| | 窗帘 | |

| (学校名称) | | 专业 | | 图号 | PL-005 |
|---|---|---|---|---|---|
| | | | | 比例 | 1:50 |
| 班级 | | | | 日期 | |
| 姓名 | | 两房两厅住宅灯具位置尺寸图 | | 成绩 | |
| 学号 | | | | 审批 | |

(e)

图 4-77 （五）

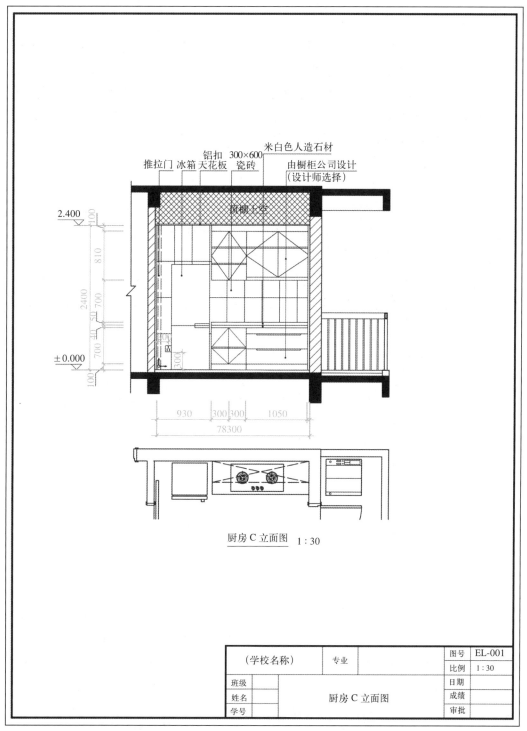

(f)

图 4-77 （六）
（a）两房两厅住宅平面布置图；（b）两房两厅住宅墙体定位尺寸图；
（c）两房两厅住宅地面铺装图；（d）两房两厅顶棚造型尺寸图；
（e）两房两厅灯具位置尺寸图；（e）厨房 A 立面图

【学习支持】

1. 前面任务 1~4 所讲述的绘制方法都是在模型空间进行，以及尺寸标注也是在模型空间进行，因此尺寸标注的文字选项卡中的全局比例按模型空间中出图的比例进行调整。比如图纸的比例是 1∶50，那么全局比例就为 50。本任务所讲述的方法是在模型空间进行绘图，然后在图纸空间进行标注文字及标注尺寸，因此全局比例设定为 1。

2. 采用多段线（PLINE）画箭头

命令：PL（PLINE）✓

PLINE 指定起点：选定起点

指定下一个点或 [ 圆弧（A）半宽（H）长度（L）放弃（U）宽度（W）]：W ✓

PLINE 指定起点宽度 <0.0000>：✓（因为箭头尖部宽度为 0）

指定端点宽度 <0.0000>：输入箭头宽度 20 ✓

指定下一个点或 [ 圆弧（A）/ 半宽（H）/ 长度（L）/ 放弃（U）/ 宽度（W）]：（在屏幕上拉出箭头的长度，箭头长度是端部宽度的 4~5 倍，如图 4-78（a）所示。）

指定起点宽度 <20.0000>：0 ✓

指定端点宽度 <0.0000>：✓

指定下一个点或 [ 圆弧（A）/ 半宽（H）/ 长度（L）/ 放弃（U）/ 宽度（W）]：在屏幕上拉出箭头尾部的线条长度，在屏幕上合适的位置点一下，然后空格结束命令。绘制完成的箭头如图 4-78（b）。

(a)                    (b)

图 4-78

(a) PL 绘制箭头；(b) 绘制箭头尾部

3. 本任务中用于标注文字的多重引线的设置

(1) 设定引线样式，可参考任务一的相关内容。因为在图纸空间布局出图，图纸的大小尺寸与实际的 A3 纸的大小尺寸一致——420mm×297mm。因此在图纸上书写文字的高度应直接按规范规定的字高进行设置书写——字高 3mm。因此，引出线的设定与任务一所介绍的内容有一些参数上的调整。调整内容如图 4-79（a）、图 4-79（b）所示。

(a)                    (b)

图 4-79

(a) 点大小改为 1；(b) 指定比例改为 1

（2）在引出标注时，如果在引出线需要多个引出点（如图 4-80 所示），可使用"圆环"（DONUT）命令，快捷键：DO。

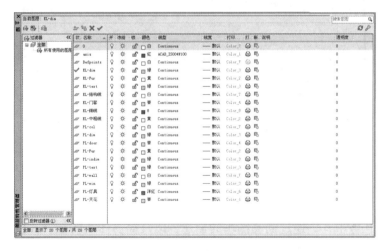

图 4-80　在引线上加点

命令：DO（DONUT）↙

指定圆环的内径 <0.5000>：0

指定圆环的外径 <1.0000>：↙

这时光标处会出现实心圆环的形状，点在屏幕上任意位置即可。

## 【任务实施】

### 1. 绘图准备

（1）创建及设置图层

在作图前，先将图层按构件归类并命名，方便以后工作方便。设置好的图层名称、颜色及线型如图 4-81 所示。

图 4-81　图层名称、颜色及线型设置结果

（2）设定"文字注释"文字样式和"尺寸标注"文字样式。

（3）按任务一要求设定尺寸标注标式，将全局比例的数字调整为1。

（4）绘制门图块

◆　将当前层设为"0"层。

◆　键入矩形命令"REC"，画出门扇，门扇尺寸：40×800。接着键入圆弧命令"A"，画出门的开启方向线，如图 4-82 所示。

图 4-82 门

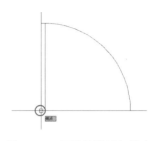

图 4-83 门图块的插入基点

◆ 键入创建块命令"B",弹出块定义对话框,在"名称"文本框中键入块的名称"door"。在"基点"选项组中,单击"拾取点"▣按钮,在绘图区中点矩形左下角的点为基点——块的插入点,然后返回对话框。在"对象"选项组中,单击"选择对象"▣按钮,在绘图区中全选门模型,然后返回对话框,点确认创建完门图块,如图 4-84 所示。

图 4-84 定义门图块

【学习提示】

1. 在前面任务中,讲述过简易图块的创建,以及简易图块的编辑。由于简易图块的创建是没有定义图块的名称的,所以在编辑图块时是双击图块,然后进入编辑图块界面进行编辑操作。本任务中的门的图块是事先定义好的。因此在编辑图块时可选用两种方法:双击图块进行编辑图块界面进行操作;或者键入快捷命令"BE",然后出现"编辑块定义"对话框,选择块名,点确定再进行编辑图块界面进行修改操作。

2. 当进入到编辑图块界面时,界面的颜色会由原来的黑色变成白色。

2. 绘制两房两厅住宅原始结构平面图

(1) 绘制轴线。将当前图层置为"PL-axis"层,用直线以及偏移命令,按图 4-85 所示轴线尺寸,绘制出建筑的轴线。

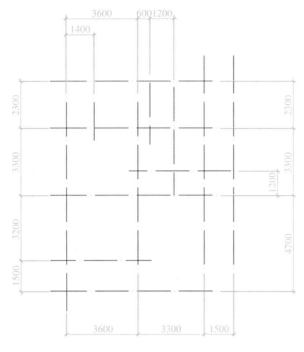

图 4-85  轴线定位尺寸

（2）绘制墙体。将"PL-wall"图层置为当前层，用多线命令绘制墙线。在命令提示行键入多线命令快捷键"ML"，将多线比例改为"200"，对正类型设为"无"。绘制墙体布局如 4-86 所示，图中墙体厚度除注明外，其他均为 200mm。

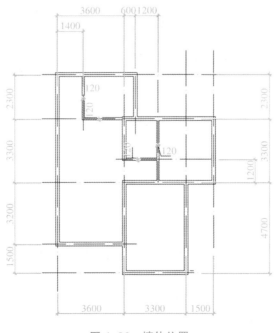

图 4-86  墙体位置

（3）绘制柱子。将"PL-col"图层置为当前层，用矩形命令绘制柱子外轮廓。柱子长度为 200，宽度为 1500，使用填充命令对柱子进行填充。使用复制命令，将绘制好的柱子插入到墙中，插入柱子位置如图 4-92 所示。用多段线（PLINE）将卫生间的倒"L"形柱子的轮廓描画一遍，然后使用填充命令将柱子填黑，结果如图 4-87 所示。

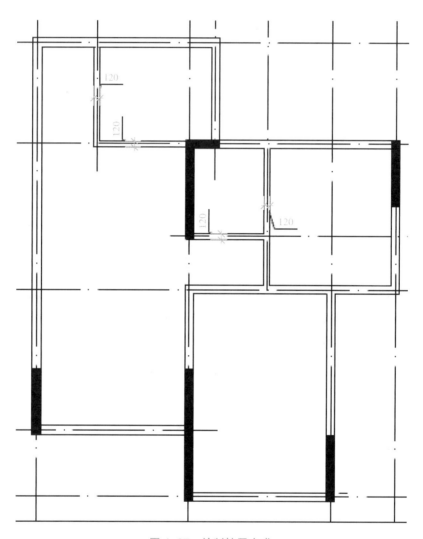

图 4-87　绘制柱子完成

（4）修剪出门窗洞口

使用偏移命令 O、修剪命令 TR 及适当的绘图命令，修剪出所有门窗洞口。门窗洞口的位置及尺寸如图 4-88 所示。未注明尺寸的门洞口，门垛均为 60mm，门宽800mm。

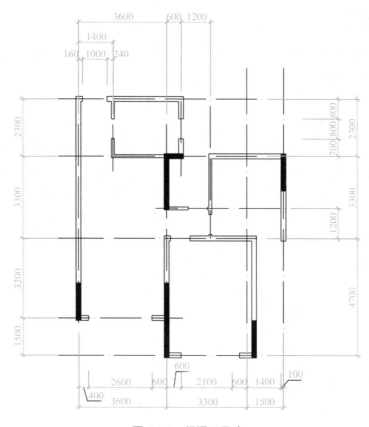

图4-88　门洞口尺寸

（5）绘制门窗及阳台

◆　绘制窗户。将"PL-win"图层置为当前层，用多线样式设置及多线绘制命令，将户型中的窗户绘制出来。窗户的绘制结果如图4-89所示。

◆　绘制门套。将"PL-door"图层置为当前层。由于墙的厚度不同，此单元套间有两种墙厚：200mm和120mm两种，因此门套的厚度也相应有两种尺寸，还有一种是推拉门的门套。门套的尺寸如4-89图所示。

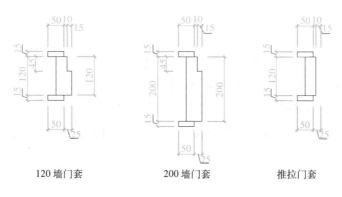

120墙门套　　　　　　200墙门套　　　　　　推拉门套

图4-89　门套尺寸

【学习提示】

在室内设计的装修图纸中，通常在绘制门的同时将门套绘制出来。门套是包在门边上的那一组与墙体固定的木料，它由门框、筒子板、贴脸线组成。它的作用是为了固定门扇和保护墙角，并保护门免受刮伤、腐蚀、破损、脏污等。而门套的贴脸线通常遮盖门框与墙面涂料的接缝，起到装饰美观的作用，并有多种不同的风格。贴脸线宽度在家装中的宽度根据设计师的要求不同来确定，通常常用的有 5 分线、6 分线、8 分线和 10 分线（50mm，60mm，80mm，100mm）。如果门垛的宽度在设计墙体时预留不足，就无法安装门套，所以在室内的装修图纸中，通常要把门套也绘制出来。

◆ 绘制完门套后，将门套做成简易图块，然后对各门洞进行门套的复制工作。然后插入事先做好的门的图块，并根据门洞大小进行门的缩放，使其适应门套的套内尺寸，如 4-90 图所示。

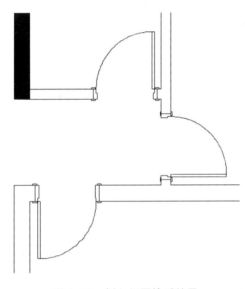

图 4-90 插入门图块后结果

【学习提示】

1．在进行门套插入时，注意门套的内外的方向。

2．阳台的推拉门因为是铝合金门，因此不需要做门套。

3．将门插入到门套里时，注意门扇与门套的关系。

◆ 绘制厨房的推拉门以及阳台的推拉门。阳台铝合金推拉门的画法见任务 1——

客厅及餐厅平面布置图的作图步骤；厨房推拉门的尺寸：门扇厚：50mm，长：800mm。如图如 4-91 图所示。

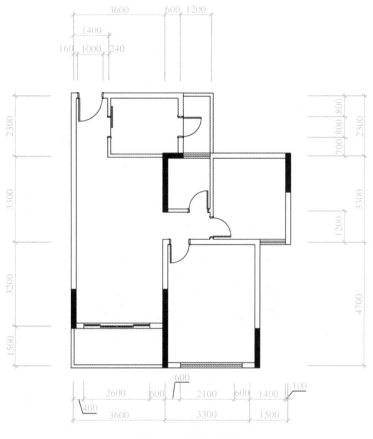

图 4-91　阳台尺寸

◆　绘制阳台。增加图层"PL-阳台"，颜色设为"洋红（6）"，将置为当前层。绘制阳台，阳台扶手厚度为 120mm，尺寸如图 4-91 图所示。并画出阳台与室内的高差线。

**3. 绘制两房两厅住宅平面布置图**

（1）复制刚绘制完的两房两厅住宅原始结构图，在复制出来的结构图内进行室内平面布置图的绘制。将"PL-axis"图层关闭。

（2）绘制客厅及餐厅、玄关

◆　参照任务一绘制客厅的电视背景墙，并插入客厅及餐厅的家具图块。

◆　绘制玄关的鞋柜，鞋柜尺寸：300mm×1200mm。在餐桌对面墙上绘制成品装饰镜，装饰镜尺寸：80mm×1500mm，装饰镜位置正对餐桌中轴线。如图 4-92 图所示。

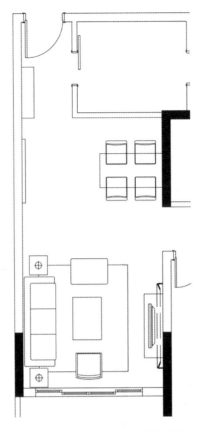

图 4-92　客厅及餐厅家具布置

（3）绘制厨房。将图层"PL-Fur"置为当前层，绘制厨房操作台及储物柜。插入冰箱、洗手盆、洗衣机等家具图块，厨房固定家具尺寸如图 4-93（a）所示。厨房及服务阳台完成图如图 4-93（b）所示。

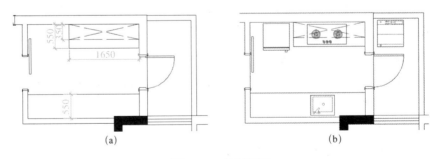

图 4-93　绘制厨房

（a）厨房橱柜尺寸；（b）厨房平面布置图

【学习提示】

1. 厨房布置图中，虚线部分表示橱柜的高柜部分柜子。因为它处于水平剖切面以上的位置，向下投影不可见。因此以虚线表示它的所在位置，与下部分橱柜的对应位置关系。

2. 虚线的设置，可在线型管理器中，将全局比例因子设置为 50~100 这个范围以内的数字。设置完后可以查看线型的情况，是否显示出虚线。

3. 注意不要漏画了厨房与玄关之间的地面高差线。

（4）绘制卫生间。

◆ 绘制出开敞淋浴间。并插入花洒头图块，放至合适位置。淋浴间尺寸以及花洒头位置如图 4-94 所示。

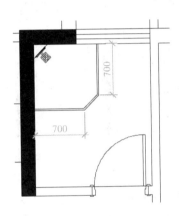

图 4-94　淋浴间尺寸

◆ 插入洗脸盆及坐便器、卷纸器等图块，如图 4-95 所示，注意不要漏画卫生间与走道地面的高差投影线。

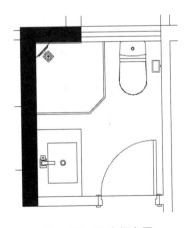

图 4-95　卫生间布置

（5）绘制主卧室，详见任务一【技能训练 - 卧室平面布置图】。

（6）绘制次卧室。次卧室内的衣柜尺寸：600mm×1800mm。两房两厅住宅平面布置完成图见图 4-96 所示。

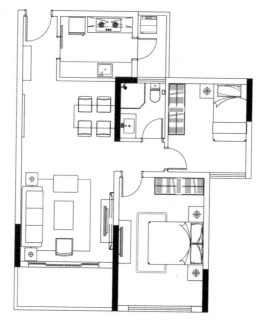

图 4-96　两房两厅住宅室内平面布置图

**4. 绘制两房两厅住宅地面铺装平面图**

（1）复制刚绘制完的两房两厅住宅原始结构图，在复制出来的结构图内进行室内地面铺装图的绘制。增加地面铺装图层，新建图层"PL-地面铺装"，颜色定为 8 号色，线型采用实线"Continous"。将其置为当前层。将复制图内的家具、门套及门都删除掉，如图 4-97 所示。

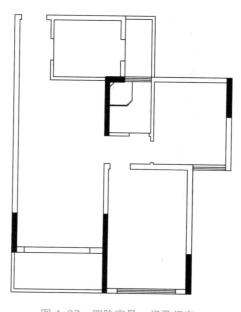

图 4-97　删除家具、门及门套

（2）绘制出客厅及餐厅、厨房、卫生间的墙面材料边线（抹灰线），墙面材料厚度为 30mm。

【学习提示】

在室内装饰设计中，由于有些房间的墙面材料采用贴瓷片或者贴石材等材料，材料厚度较厚。而地面材料铺装的施工顺序是先铺装墙面，再铺装地面。因此在画地面材料铺装开线图时，应预留出墙面材料的厚度。

（3）绘制各门口的门槛石，填充材料的选用以及绘制步骤详见任务 2【客厅及餐厅地面铺装图】。如图 4-98 所示。

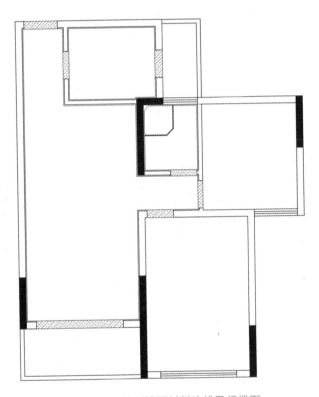

图 4-98　绘制墙面材料边线及门槛石

【学习提示】

填充图案时，注意选用的材料图例样式，尽量符合制图规范所要求的图例图案样式。填充时还可通过对图案比例的调整来调节图案花纹的大小及间距。

（4）绘制客厅及餐厅、玄关的地面铺装布置，如图 4-100 所示。绘制步骤详见任务 2【客厅及餐厅地面铺装图】，玄关及走道地面材料尺寸如图 4-99（a）、图 4-99（b）所示。

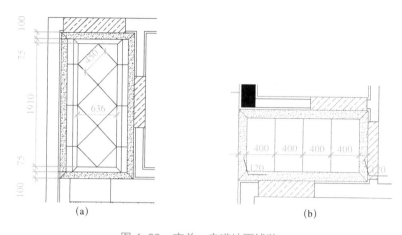

图 4-99　玄关、走道地面铺装
(a) 玄关地面铺装尺寸图；(b) 走道地面铺装尺寸图

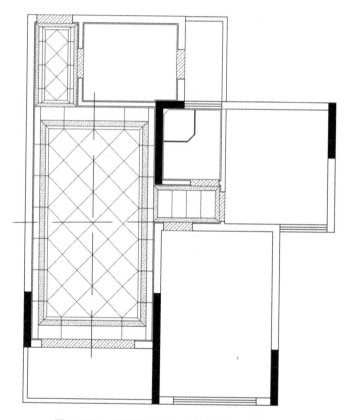

图 4-100　客厅及餐厅、玄关的地面铺装布置

（5）绘制厨房及卫生间地面铺装布置。

◆　厨房及服务阳台地面铺装尺寸如图 4-101 所示。厨房及阳台地砖尺寸采用 300×600 的瓷砖，注意要设置瓷砖的铺设方向。

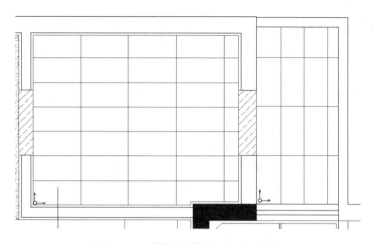

图 4-101　厨房及服务阳台地面铺装

◆　卫生间地面铺装尺寸如图 4-102 所示。卫生间淋浴间内设 80mm 的排水沟，坡度排向地漏方向。在排水沟外侧做挡水石 30mm，高出卫生间地面 50mm。卫生间除淋浴间外，地砖采用 300×300 的瓷砖。

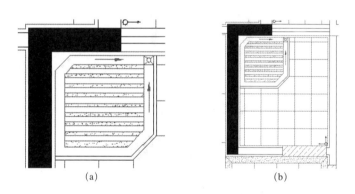

|  |  |
|---|---|
| (a) | (b) |

图 4-102　卫生间地面铺装
(a) 淋浴区铺地；(b) 卫生间铺地

（6）绘制生活阳台地面铺装布置。生活阳台地面铺装如图 4-103 所示。阳台波打线 150mm，地砖采用 300×600 瓷砖。

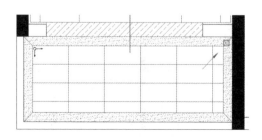

图 4-103　生活阳台地面铺装

（7）绘制卧室地面铺装。

◆ 主卧室地面铺装绘制要求详见绘制步骤详见任务 2【技能训练——卧室地面铺装图】

◆ 次卧室地面铺装绘制。次卧室的地面铺装材料也采用木地板，主、次卧室铺装效果如图 4-104 所示。

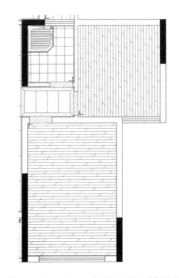

图 4-104　主、次卧室地面铺装图

（8）两房两厅住宅室内地面铺装图完成，如图 4-105 所示。

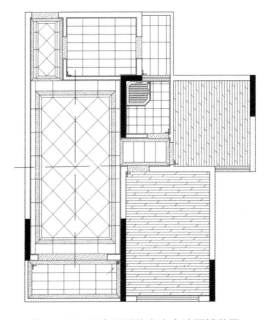

图 4-105　两房两厅住宅室内地面铺装图

### 5.绘制两房两厅住宅立面图

（1）绘制厨房立面图。按制图规范的要求，绘制立面图时，根据各类线型及粗细要求置于合适的图层上进行绘制。

（2）按任务 4 的作图步骤，首先复制厨房平面图，并制作成图块，再剪裁需要绘制的厨房的立面方向的平面图，置于厨房立面图的下方合适位置。对照平面图，首先将厨房的立面空间结构绘制出来，如图 4-106 所示。

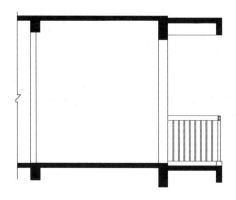

图 4-106　厨房立面结构

【学习提示】

1.本任务内容的立面图出图比例为 1：30。楼板厚度 100mm，主梁高 500mm，梁宽 200mm，次梁高 350mm，梁宽 200mm，层高 3100mm，阳台栏杆泛起高 100mm，阳台栏杆净高 950mm。

2.阳台结构板通常比楼面板低 50~100mm。本案中阳台板比楼面板低 50mm。

（3）绘制地面材料线以及顶棚构造位置线，顶棚吊顶高度为 2.400m。

（4）绘制厨房墙面砖的开线图，如图 4-107 所示。

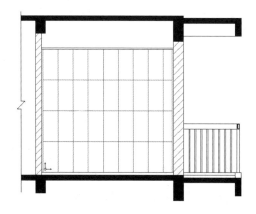

图 4-107　立面材料开线图

（5）绘制厨房家具。橱柜细部尺寸以及插座位置尺寸如图 4-108 所示。

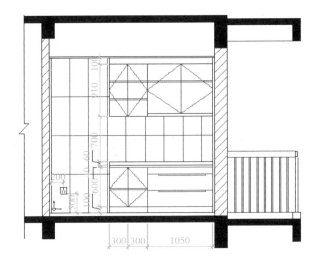

图 4-108　橱柜细部尺寸及插座位置尺寸

（6）插入冰箱立面图块以及推拉门。完成后厨房立面如图 4-109 所示。

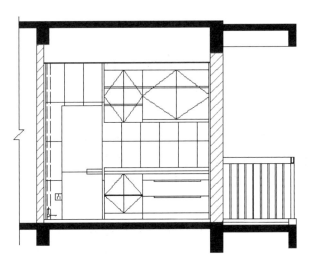

图 4-109　厨房立面完成图

### 6. 标注尺寸及文字

【学习提示】

本任务对装饰各平面图及立面图的文字标注以及尺寸标注，均在布局空间内完成。布局空间的详细命令以及原理讲解将在后面具体介绍，本案只是以讲述如何进行施工图文字及尺寸标注的具体操作。

（1）进入布局空间。点击屏幕左下方的"布局1"选项卡按钮，如图 4-110 所示。

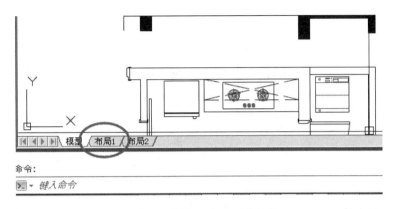

图 4-110　点击布局 1 选项卡

点击后，进入到布局空间，注意屏幕左下方的坐标显示已显示为布局空间的坐标显示方式，如图 4-111 所示。

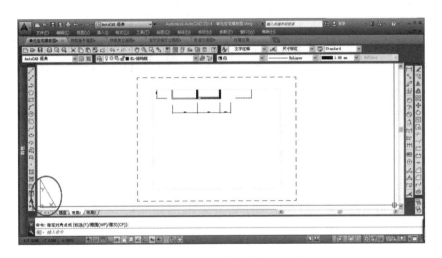

图 4-111　注意布局空间的坐标显示

（2）删除掉屏幕中的实线矩形框——布局视口，删除掉后，只剩下虚线边框。

（3）新建一个图层，图层名为"A3 图框"，绿色，并设为当前层。插入 A3 图纸的图块。插入位置可选择在虚线以外，方便视图观看效果。

（4）创建视口（MVIEW）。

命令：MV ✓

指定视口的角点或 [ 开（ON）/ 关（OFF）/ 布满（F）/ 着色打印（S）/ 锁定（L）/ 对象（O）/ 多边形（P）/ 恢复（R）/ 图层（LA）/2/3/4]< 布满 >：用鼠标点选内图框的左上角和右下角角点的端点位置

这时视口已创建，模型空间中所绘制的图形在视口中呈现出来，如图 4-112 所示。

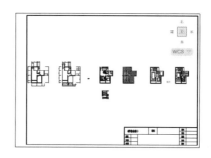

图 4-112　创建视口

（5）在图框内部双击鼠标，进入模型空间对图纸进行操作。这时，观察屏幕，会发现视口变成粗线显示，并且光标已进入模型空间，在图纸空间外面看不到十字光标，图纸空间的坐标显示消失，坐标在图框内出现，并转换为模型空时的坐标显示样式，如图 4-113 所示。

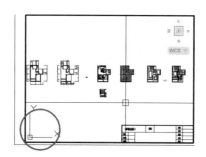

图 4-113　进入模型空间

找到需要放大比例的平面图，比如顶棚造型平面图，将其放大比例 1 : 50。

命令：Z↙

[全部（A）/中心（C）/动态（D）/范围（E）/上一个（P）/比例（S）/窗口（W）/对象（O）]< 实时 >：1/50xp↙

顶棚造型平面就会放大到 1 : 50 的视图比例，如图 4-114 所示。

图 4-114　顶棚造型平面图显示比例 1 : 50

【学习提示】

1. 任务五的制作过程中，我们是将所有平面图及立面图都绘制在同一个文件里，所以在布局视图中，我们会看到模型空间中显示所有绘制的图形。

2. 创建视口命令的详细解释见下一章布局打印部分。

3. 图纸空间，因为图形显示比例缩小至 1 : 50，所以轴线不能正确显示出点划线，这时我们将线型比例调整为 1，就可以正确显示了。需要注意的是：调整线型比例时，应在图纸空间进行。双击图框外部，即进入图纸空间。如图 4-115 所示。

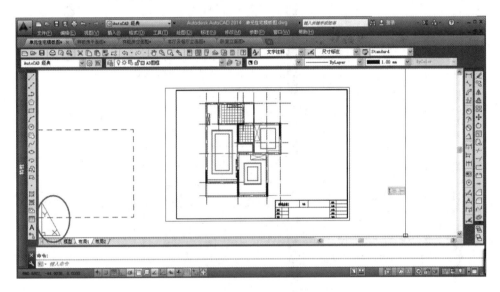

图 4-115　修改线型比例

（6）锁定视口。点击屏幕下方"锁定"按钮，如图 4-116 所示。锁定视口是为了当进入图纸里的模型空间，无论怎么缩放图形，图形都不会发生变化，因为视口已被锁住，将不能改变视口里的内容。也就是设定好比例的图形，将不能因为无意操作而遭到破坏。

图 4-116　锁定视口

（7）标注尺寸。尺寸标注按前面任务要求设定，需要注意的是：在图纸空间里标注尺寸，全局设置为"1"。标注完成后如图 4-117 所示。

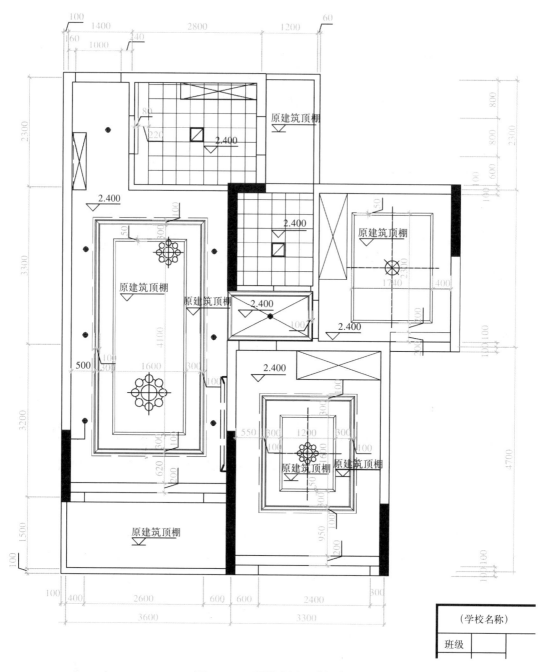

图 4-117　顶棚造型尺寸标注

（8）标注文字以及绘制灯具列表。将"PL-text"设为当前层。进行文字标注。文字标注用引出标注方法"MLEAD"，标注完成后如图 4-118 所示。

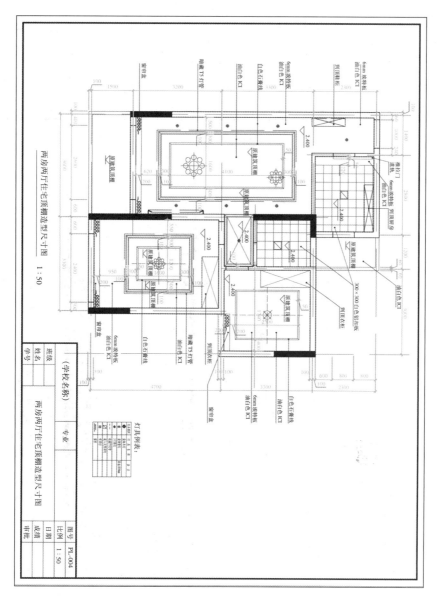

图 4–118　顶棚造型尺寸完成图

（9）在刚才完成的顶棚造型尺寸图旁边再插入一个 A3 图框或者复制旁边的 A3 图框，重复前面的操作再创建若干个新的视口，给其他的平面图和立面图标注尺寸和文字，屏幕"布局 1"界面显示如图 4-119 所示。所有需要打印的图纸都在"布局 1"界面上排布分配好了，接下来就可以打印出图了。打印出图的内容以后再介绍。

图 4–119　布局 1 屏幕界面排布

**【技能训练——抄绘客厅 B 立面图、厨房 C 立面图、卫生间 E 立面图】**

抄绘制两房两厅的客厅 B 立面图、厨房 C 立面图、卫生间 E 立面图，抄绘各立面图内容要求具体如图 4-120 所示，以 dwg 格式的电子文档方式保存递交。

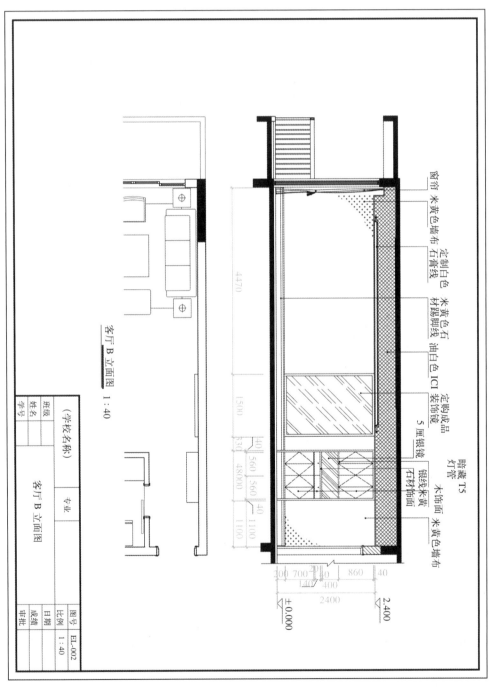

(a)

图 4-120 （一）

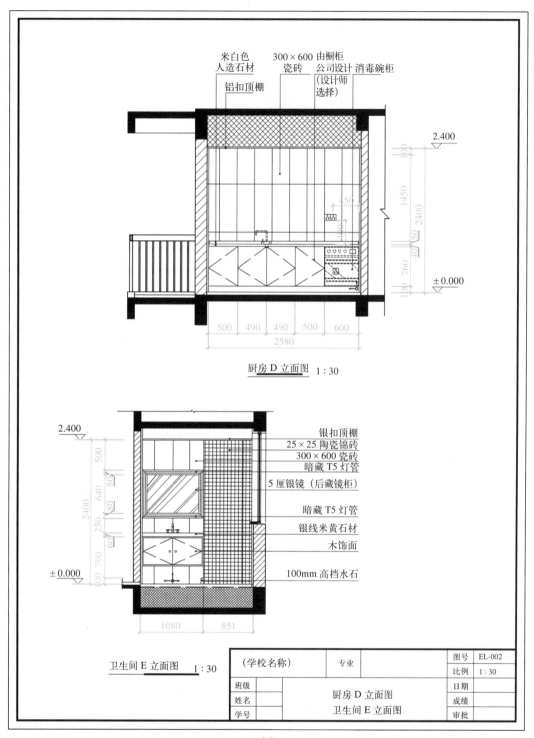

厨房 D 立面图 1 : 30

卫生间 E 立面图 1 : 30

| (学校名称) | | 专业 | | 图号 | EL-002 |
|---|---|---|---|---|---|
| | | | | 比例 | 1 : 30 |
| 班级 | | | | 日期 | |
| 姓名 | | 厨房 D 立面图 | | 成绩 | |
| 学号 | | 卫生间 E 立面图 | | 审批 | |

(b)

图 4-120 (二)

(a) 客厅 B 立面图；(b) 厨房 D 立面图和卫生间 E 立面图

## 【任务评价】

任务评价表

| 评价内容 | | | 评价 | | | |
|---|---|---|---|---|---|---|
| | | | 很好 | 较好 | 一般 | 还需努力 |
| 学生自评<br>(40%) | 已学知识在本任务中的应用 | 设置基本绘图环境 | | | | |
| | | 图层设置 | | | | |
| | | 尺寸样式设置 | | | | |
| | | 文字样式设置 | | | | |
| | | 保存图形文件 | | | | |
| | 掌握绘图命令与修改命令的操作方法 | 动态块的制作 | | | | |
| | | 编辑块的命令应用 | | | | |
| | | 箭头的绘制 | | | | |
| | | 打断命令的应用 | | | | |
| | | 圆环命令 | | | | |
| | 布局空间的应用 | 创建视口 | | | | |
| | | 图纸空间中比例缩放 | | | | |
| | | 图纸空间中尺寸以及文字标注 | | | | |
| | 绘图速度 | 按时完成任务及练习 | | | | |
| 组间互评<br>(20%) | 整组完成效果 | 任务及练习的完成质量 | | | | |
| | | 任务及练习的完成速度 | | | | |
| | 小组协作 | 组员间的相互帮助 | | | | |
| 教师评价<br>(40%) | 制图规范的掌握 | 按制图规范进行绘图 | | | | |
| | 命令的掌握 | 对已学命令在本任务中的应用 | | | | |
| | | 命令的熟练运用 | | | | |
| | 绘图方法 | 绘制装饰图纸的顺序和步骤 | | | | |
| | 完成效果 | 图形的准确性 | | | | |
| 综合评价 | | | | | | |

# 任务 6  绘制装饰构造详图

## 【任务描述】

装饰构造详图是表明建筑构造细部的图，又称为节点大样图。本次任务主要绘制顶棚节点大样图。顶棚节点大样图主要反应顶棚的细部构造，即顶棚造型之间的连接方式，不同材料过渡区域的构件连接、设备安装的详细位置及尺寸等，还表达了各材料的收口处理以及细部尺寸。

装饰构造详图是装饰施工工程必不可少的图纸之一，对于指导施工操作有着非常重要的作用。

本次任务所绘制的天花构造详图如图 4-121 所示。

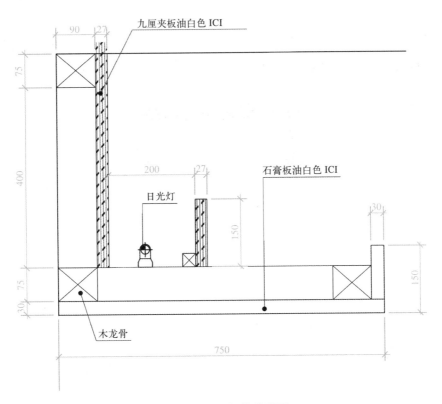

图 4-121  顶棚构造详图

【学习支持】

1. 装饰构造详图又叫节点大样图。节点图是两个以上装饰面的汇交点，按垂直或水平方向切开，以标明装饰面之间的对接方式和固定方法。节点应详细表现出装饰面连接处的构造，注有详细的尺寸和收口、封边的施工方法。

2. 为使图面线型具有层次感强方便识读，构造详图也要求采用多种线型绘制。按现行建筑制图标准中规定，构造详图中的被剖切到的主体结构外轮廓线用粗实线绘制，被剖切到的构配件的轮廓线用中粗实线绘制，标高、引出线等用中实线绘制，材料图例线用细实线绘制。

【任务实施】

### 1. 顶棚构造大样图绘制

（1）打开"装饰构造详图模板.dwt"文件，将"粗线"层设为当前层。绘制梁及楼板结构层并填充。梁高500mm，梁宽200mm，楼板厚100mm。

（2）绘制局部的推拉门。可插入推拉门立面图块也可使用绘制命令绘制推拉门，任务如图4-122所示。

（3）按顶棚标高及顶棚造型尺寸要求，绘制出窗帘盒及顶棚造型的外轮廓线。将"中粗"层设为当前层，具体尺寸要求如图4-122所示。

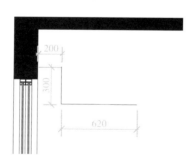

图4-122　绘制顶棚构造外轮廓

（4）绘制顶棚造型的内部板材材料剖面构造。板面扇灰厚度5mm，板材厚度15mm。对剖切到的板材进行剖面材料图例填充，填充的图例置于"特细及填充"层，填充图案的图案名为"CORK"，如图4-123所示。

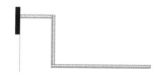

图4-123　绘制顶棚构造内部板材

（5）绘制顶棚石膏角线，具体尺寸要求如图 4-124 所示。

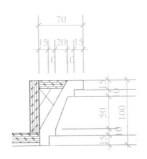

图 4-124　石膏角线尺寸

（6）绘制顶棚吊杆，因为吊杆均为可见线，将其置于"细线"层。绘制结果及尺寸如图 4-125 所示。木方尺寸 30×30mm，角钢为 L40×40×4mm，板材厚度 15mm。角钢断面采用的填充图案名称为"ANSI32"。

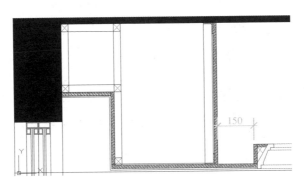

图 4-125　绘制顶棚吊杆

（7）绘制内藏灯，如图 4-126 所示。

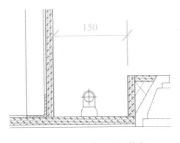

图 4-126　绘制内藏灯

**2.尺寸标注**
（1）本任务尺寸标注在模型空间进行，在尺寸标注前，先插入 A4 图框，并按绘图比例将图框放大。本案的构造详图采用 1∶10 的绘图比例绘制，因此将 A4 图框放大 10 倍插入，如图 4-127 所示。

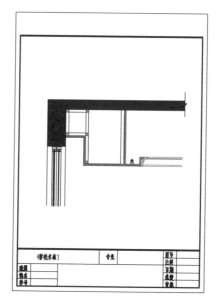

图 4-127　插入图框并放大 10 倍

（2）键入"D"，弹出"标注样式管理器"。点击原先设置好的尺寸标注，进行修改操作。修改"调整"选项卡中的"使用全局比例"，将值改为"10"。关闭"标注样式管理器"。

（3）如图 4-128 所示，进行尺寸标注。

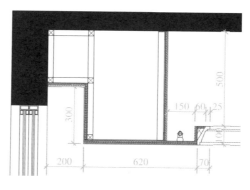

图 4-128　尺寸标注

（4）进行标高标注。插入标高图块，如图 4-129 所示。键入"I"，选择适当方向的标高图块，将"X、Y、Z"比例因子都设为 10，在图中适当位置指定标高位置，按提示要求键入标高值"2.400"，最后将标高符号移动到如图所示位置。

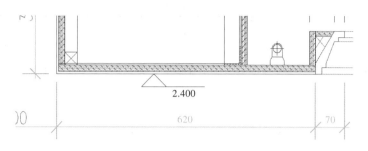

图 4-129　标高标注

### 3. 文字标注

用多重引线命令"MLEADER"，进行文字标注。使用多重引线命令，先要进行多重引线设置，打开多重引线样式管理器，在"引线格式"选项卡中，将箭头符号设为"点"，大小为"1"。在引线结构选项卡中，将指定比例设为"10"。将后再使用多重引线（MLEADER）命令进行文字标注。文字输入使用动态文字命令。结果如图 4-130所示。

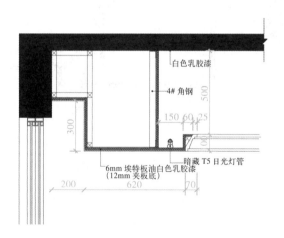

图 4-130　文字标注

### 4. 最终完成效果如图 4-131 所示。

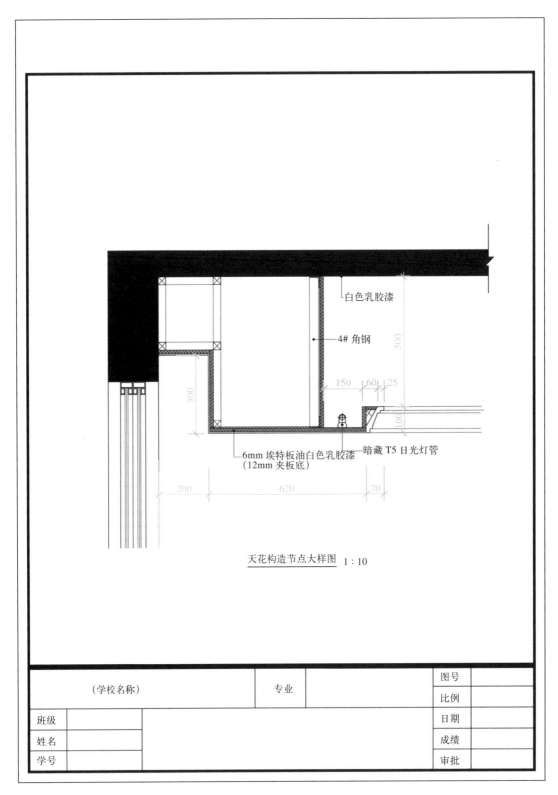

白色乳胶漆

4# 角钢

500

150 60 25

300

100

6mm 埃特板油白色乳胶漆
（12mm 夹板底）

暗藏 T5 日光灯管

200  620  70

天花构造节点大样图 1：10

| (学校名称) | | 专业 | | 图号 | |
| --- | --- | --- | --- | --- | --- |
| | | | | 比例 | |
| 班级 | | | | 日期 | |
| 姓名 | | | | 成绩 | |
| 学号 | | | | 审批 | |

图 4-131　最终完成效果

【技能训练】

抄绘制顶棚节点大样图，具体内容如图 4-132 所示，要求插入 A4 图框，并按 1∶5 的比例在模型空间标注尺寸及文字，并以"顶棚节点大样 .dwg"为文件名保存 dwg 格式的电子文档。

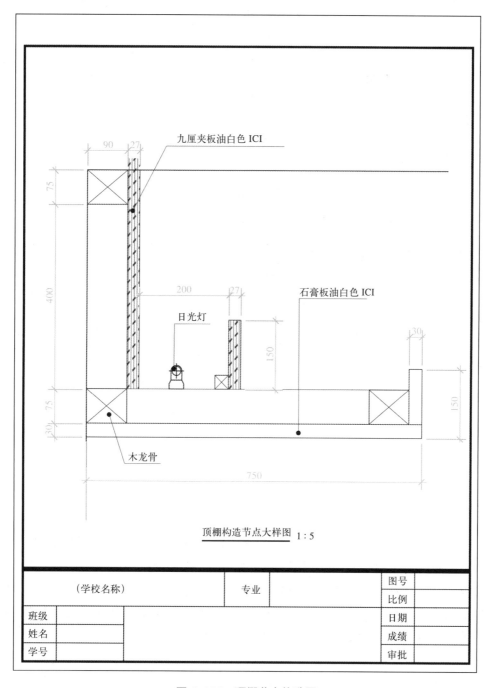

图 4-132　顶棚节点构造图

## 【任务评价】

任务评价表

| 评价内容 | | | 评价 | | | |
|---|---|---|---|---|---|---|
| | | | 很好 | 较好 | 一般 | 还需努力 |
| 学生自评<br>(40%) | 样板文件绘制 | 设置基本绘图环境 | | | | |
| | | 图层设置 | | | | |
| | | 尺寸样式设置 | | | | |
| | | 文字样式设置 | | | | |
| | | 属性块的编辑 | | | | |
| | | 保存和调用模板文件 | | | | |
| | 构造详图绘制 | 已学命令的综合应用 | | | | |
| | | 属性块命令应用 | | | | |
| | 绘图速度 | 按时完成任务及练习 | | | | |
| 组间互评<br>(20%) | 整组完成效果 | 任务及练习的完成质量 | | | | |
| | | 任务及练习的完成速度 | | | | |
| | 小组协作 | 组员间的相互帮助 | | | | |
| 教师评价<br>(40%) | 制图规范的掌握 | 按制图规范进行绘图 | | | | |
| | 命令的掌握 | 对已学命令在本任务中的应用 | | | | |
| | | 命令的熟练运用 | | | | |
| | 绘图方法 | 绘制装饰图纸的顺序和步骤 | | | | |
| | 完成效果 | 图形的准确性 | | | | |
| 综合评价 | | | | | | |

## 【知识链接】

因为顶棚构造详图的绘制方法是在模型空间进行，以及尺寸标注也是在模型空间进行，它们是按1：1的比例进行绘制节点大样图。因此在打印出图时，采用将尺寸及文字放大比例的方法进行绘制。比如制图标准规定文字标注及尺寸文字的字高为3mm，在文字标注和尺寸标注时，尺寸标注的文字选项卡中的全局比例按模型空间中出图的比例进行调整，比如图纸的比例是1：10，那么全局比例就为10。

# 项目 5
## 布局与打印输出

【项目概述】

在 AutoCAD 中完成了图纸的绘制工作后，最后一项工作就是对图纸进行排版布局和输出打印。这个过程是将电脑中的图形文件转变成纸质的图纸，或者转变成其他形式的文件，以便于进一步地使用。要把绘制好的图形完整、规范地打印出来，还需要在打印前做好布局和页面设置、打印设置等准备工作。

# 任务 1　布局图纸

【任务描述】

在绘制图形完毕之后，需要先进行图纸空间的布局。AutoCAD 中提供了模型空间和图纸空间。我们通常在模型空间中进行绘图工作，而在图纸空间里进行图纸的布局排版工作。利用布局空间对如图 5-1 所示客厅及餐厅平面布置图进行布局，做好出图打印的前期准备。

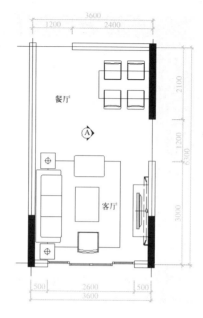

图 5-1　客厅及餐厅平面布置图

【学习支持】

AutoCAD 中的布局是为使用者提供了一张虚拟的图纸。我们可以在布局空间中观察图纸的布局情况，对布局进行调整。利用视口可以将模型空间中的图形摆放在图纸上。一个布局只有一张图纸，但是可以同时存在多个视口。每个视口都可以分别进行操作，以达到我们想要的图纸布局排版效果。

在 AutoCAD 的操作界面左下方，有模型和布局选项卡。一般 AutoCAD 会默认创建两个布局。如图 5-2 所示。

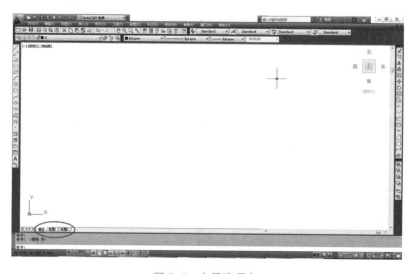

图 5-2　布局选项卡

点击"布局 1"选项卡之后，操作界面变为布局空间界面，如图 5-3 所示。

图 5-3　布局空间

图 5-3 中的白色区域即为虚拟的图纸部分。图纸中间显示的实线框范围叫视口。默认状态下，一个布局空间只存在一个视口。视口是在图纸空间中显示模型空间图形的一个窗口。我们可以把它想象成在图纸上打开了一扇虚拟的"窗口"。通过这个"窗口"，我们可以看到三维的模型空间中存在的图形图像。视口的形状、大小可以随意变换，不影响视口中显示的图形本身。在布局空间中，我们同样也可以对图形进行绘制的操作。

### 1. 布局页面设置

首先，在 AutoCAD 操作界面的左下方选择"布局 1"，进入图纸空间。

对布局空间中的虚拟图纸本身进行设置和操作，我们可以在页面设置管理器中进行。右键单击操作界面左下角的"布局 1"，则会弹出菜单，如图 5-4 所示。

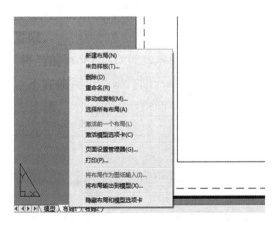

图 5-4　布局菜单栏

进入"页面设置管理器"后，系统弹出窗口如图 5-5 所示。

图 5-5　页面设置管理器

在页面设置管理器当中，系统会显示出当前图形文件中已有的页面设置样式。默认状态下，AutoCAD 只有一个"模型"页面设置。我们可以在页面设置管理器中对页面设置样式进行新建、修改等操作。

对话框的下方，显示的是选中的页面设置样式的详细信息，包括设备名、绘图仪、打印纸张大小、位置和说明等。

若要对已有的布局进行修改设置。点击"修改"按钮，则系统弹出"页面设置"窗口，如图 5-6 所示。图中用红色椭圆标记的位置均为打印设置的内容，接下来将对这些内容进行详细的介绍。

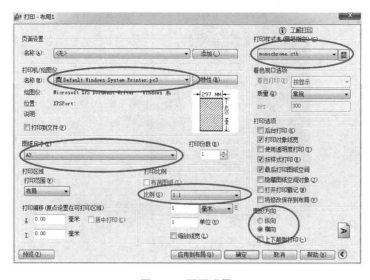

图 5-6　页面设置

## 2. 设置打印输出设备

在"页面设置"窗口中，我们可以预先对图纸输出打印的各种参数进行设置。例如选择图 5-6 中的"打印机 / 绘图仪"名称的下拉菜单，可以预先选定我们想要的打印输出设备。确定打印机或绘图机的配置后，下拉菜单右侧的"特性"可以打开绘图仪配置编辑器，对打印输出设备做进一步的设置。

## 3. 设置图纸尺寸

在图 5-6 中的"图纸尺寸"下拉菜单中，可以选择我们想要的图纸尺寸。点击"图纸尺寸"下拉菜单。

根据实际绘图的需要，我们可以选择 A2、A3 等标准图幅纸张的大小。同时 AutoCAD 中的绘图仪也会提供一些其他尺寸的图幅供用户选择。

## 4. 设置打印比例

设置打印比例，在图 5-6 中的"比例"下拉菜单中选择自己想要的比例，同时设定好比例中的单位。一般在布局中，我们通常将打印比例设置为 1∶1，单位为毫米。

## 5. 设置打印样式

在图 5-6 中的页面设置的右上方，进行打印样式的设置。这样有利于我们进行下一步的出图打印工作。

打印样式可以根据出图的需要进行设置。例如打印黑白图样则选择 monochrome.ctb 打印样式。选择样式后，还可以点击编辑按钮，打开打印样式表编辑器，在该对话框中编辑打印样式的有关参数，如图 5-7 所示。

图 5–7　打印样式表编辑器

### 6. 设置图形方向

在图 5-6 中的页面设置右下方还可以设置图形方向，方便我们调整图纸的横竖摆放。

### 7. 新建页面设置

当我们需要新建页面设置时，同样可以在页面设置管理器中进行操作。在页面设置管理器的对话框中选择"新建"，弹出窗口如图 5-8 所示。

图 5-8　新建页面设置

新建页面设置命名之后，具体设置方法与上文提到的相同。

### 8. 视口设置

将布局的页面设置完成之后，可以对布局中的视口进行操作。如果布局只需要一个视口，则可以直接使用布局 1 中默认的视口。为了方便操作和观看，我们可以将视口的范围放大一些。无论视口的范围多大，都不会影响到视口中的图形。视口可以理解为一个虚拟窗口。

在之前的步骤中，我们已经设置好了即将布局的页面设置。例如打印机选择了 CanonBubble-JetBJ-330 打印机，图纸尺寸设为 A4，图形比例 1：1，打印样式为 monochrome.ctb 样式，图形方向为横向。由于图纸尺寸已经确定，而在布局的视口中，图形的大小可以利用鼠标滚轮自由调整。因此视口中的图形在图纸上显示出来的比例是不确定的。

在布局中，我们可以看到的实线框为视口的边界和虚拟图纸的边界。双击视口实线框内的范围，就可以激活该视口。此时等同于在图纸空间的视口内进入了模型空间，对视口内显示的图形进行操作，其操作方式和模型空间内的绘图方式相同；双击视口实线框外的范围，则回到了布局的图纸空间，只能对视口的位置、形状和范围进行操作，不能影响到视口内显示的图形。

为了按照准确的比例进行出图打印，我们可以通过直接控制视口来设定。设图纸的出图比例为 1：50。这时候我们要对视口的特性进行设置。选取视口的实线框，即选定该视口, 如图 5-9 所示。

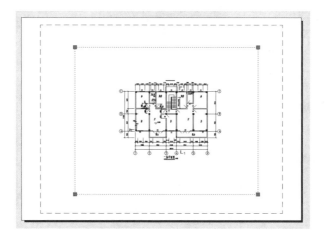

图 5-9　选定视口

在"修改"菜单中选择"特性"命令, 可以打开被选定视口的特性窗口, 如图 5-10 所示。

图 5-10　视口特性

在视口的特性管理中, 我们主要关注两个内容:"自定义比例"和"显示锁定"。

图中显示的自定义比例为当前状态下视口内图形缩放的实际比例。通过控制自定义比例, 就能够达到控制布局中图纸实际缩放比例的目的。

点击"自定义比例"选项框, 则右侧的比例变为文本编辑状态。此时按照 1:50 将"自定义比例"改为 0.02 后, 视口中的图形就会按照对应 A3 虚拟图纸的大小, 自动缩放为 1：50 的比例。如图 5-11 所示。

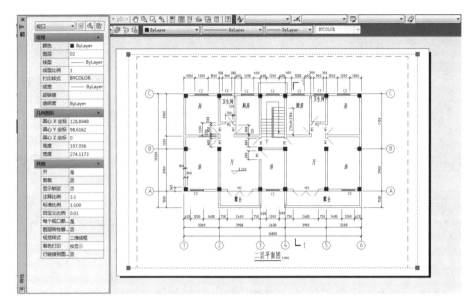

图 5-11　自定义比例视口

此时，图纸的按比例布局已经完成。若要预览该布局的出图打印效果，可以在图 5-6 中所示的"页面设置"对话框中选择预览。

点击对话框左下角的"预览"按钮后，系统会自动显示当前设置下的打印预览效果，如图 5-12 所示。

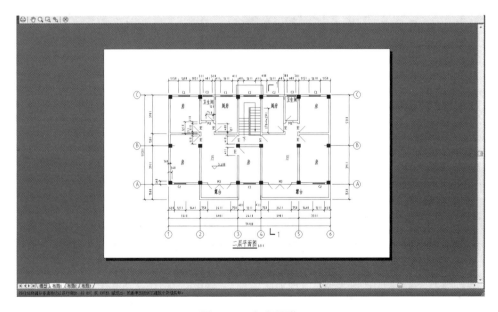

图 5-12　打印预览

需要注意的是，在布局空间中，视口的边界同样是可以打印的。因此，如果要隐藏视口的边界，可以为视口的边框新建一个图层，将视口边界设置为该图层，并且将该图层设置为非打印状态，或者关闭该图层。此时使用打印功能就不会再显示出视口边界线。

9. 多视口的设置。

在 AutoCAD 的绘图工作中，在一张图纸上布置不同比例的图形是很常见的情况。此时就可以使用多个视口对图纸进行布局。

例如，现需要绘制如图 5-13 所示详图图纸，图纸内有三个大样图，分别为楼梯二层平面图、1 号详图和 2 号详图。

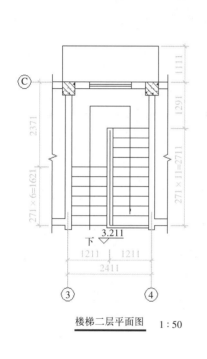

楼梯二层平面图　1∶50

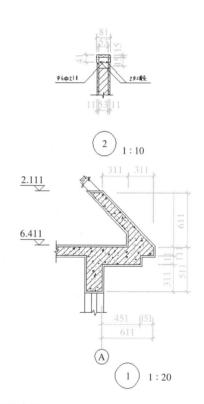

图 5-13　三个大样图的布局

从图中我们可以得出，楼梯二层平面图的比例为 1∶50，1 号详图的比例为 1∶20，2 号详图的比例为 1∶10。由于绘图时是按照 1∶1 的比例进行绘制，因此此时要对各种图的比例进行缩放，以使其达到需要的比例缩放效果。

（1）新建视口

下拉菜单栏中选择："视图"→"视口"→"新建视口"。

执行命令后，弹出"视口"对话框。在这里我们可以选择新建视口的数量和排布类型。点选每个标准视口的类型，在右侧的"预览"框中将会显示出该类型的视口的排布方式。例如选择"三个∶左"时，对话框预览情况如图 5-14 所示。

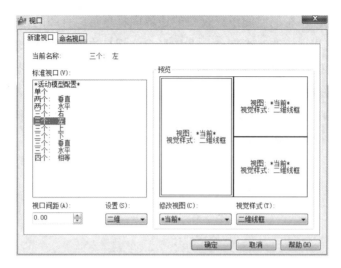

图 5-14　"三个：左"视口

　　由于在该图中，我们需要绘制三个图形，因此我们选择建立三个视口。布局空间中默认已有一个视口。我们可以新建 2 个视口，也可以一次选择新建三个视口，删除原有视口。选择新建视口完毕后，点击"确定"按钮，则系统回到布局空间，视口如图 5-15 所示。

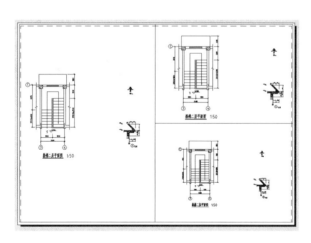

图 5-15　新建视口的效果

　　此时布局中的三个视口按照"三个：左"的方式排布。每个视口中均可以显示出所有的图形。我们可以分别对其进行操作。

　　（2）设置视口自定义比例

　　按照上文提到的办法，我们可以在菜单栏中选择："修改"→"特性"，打开视口的"特性"对话框，在对话框中按照图纸预设的比例来进行设置。将布局空间左侧的视口的自定义比例设置为 1：50；将布局空间右侧上方的视口的自定义比例设置为 1：10，下方的视口自定义比例设置为 1：20。设置完毕后，对每个视口内显示出的图形进行调整，将其调整为与之相对应的详图，即布局空间左侧的视口布置楼梯二层平面图，右侧上方的视口布置 2 号详图，下方的视口布置 1 号详图。布置完毕后，如图 5-16 所示。

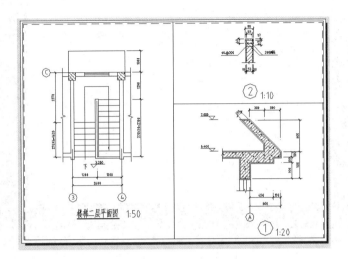

图 5-16　自定义比例后的视口

此时各个视口中的图形已经按照其所设定的比例显示在布局空间中。为了避免无谓的操作导致视口中图形的比例发生变化，我们可以将视口的特性中的"显示锁定"设置为"是"，即锁定该视口的显示比例，如图 5-17 所示。

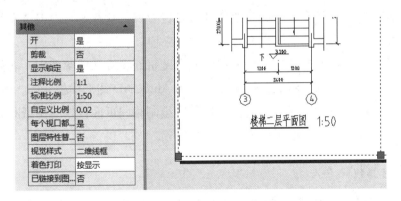

图 5-17　显示锁定

（3）隐藏视口边界线

新建图层，将其命名为"视口"。同时在布局空间中，把三个视口的边界线设置为"视口"图层。进入"图层特性管理器"，将"视口"图层设置为"非打印状态" 。由此，视口的边界线框将不会出现在打印的图纸中。

（4）打印预览

在布局空间的页面设置已经完成的基础上，点击"打印预览"，如图 5-18 所示。

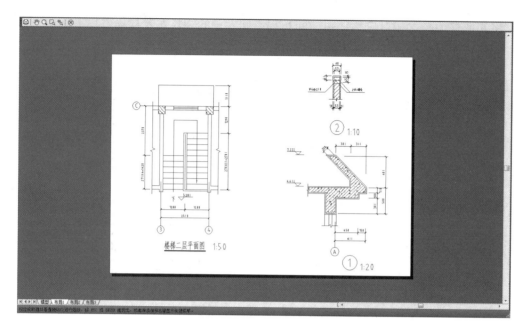

图 5-18　多视口布局后的效果

由此，三个视口的布局空间已经设置完成，点击打印后，三个大样图将按照各自设定的比例显示在图纸上。

**10. 图形样板**

在出图打印的前期准备中，我们可以预先利用 AutoCAD 本身的布局功能，将出图的图幅、比例、样式、颜色等，以及输出的方式设置好。这样既可以保证在绘图过程中没有后顾之忧，又可以为最后的出图打印工作带来便利。

在实际绘图工作中，对于我们经常用到的出图页面设置和图幅图框，我们可以绘制完图框和设置好页面之后，将该图幅文件保存为 AutoCAD 图形样板，即 *.dwt 格式。

保存了常用的图形样板文件之后，以后每次绘制相同页面设置的图纸时只要用该图形样板新建文件就可以再次使用，不需要重复设置。

【学习提示】

1. 利用布局对 AutoCAD 中的图形文件进行排版布置时，首先要在模型空间中按照 1:1 的比例进行绘图。这样在绘图时方便，同样在使用图纸空间进行布局和出图打印的时候也很方便。在绘图比例 1:1 的基础上，页面设置的打印比例同样也需要设置为 1:1。

2. 在图纸的布局中，视口的范围是可以超过虚拟图纸本身的大小的。但是摆放在虚拟图纸范围外的图形在打印时是无法显示的，只有虚拟图纸范围内的图形，才可以被打印出来。因此在布局排版的时候，要注意将所有的视口内的图形放置在虚拟图纸的范围以内。

## 【任务实施】

### 1.布局页面设置

在 AutoCAD 操作界面的左下方点击鼠标左键选择"布局 1",进入布局空间。右键单击操作界面左下角的"布局 1",进入"页面设置管理器"。

在页面设置管理器当中,点击"修改"按钮,在系统弹出的"页面设置"窗口中,对各种参数进行设置。将打印机选择了 CanonBubble-JetBJ-330 打印机,图纸尺寸设为 A4,图形比例 1∶1,打印样式为 monochrome.ctb 样式,图形方向为横向。

### 2.视口设置

由于客厅及餐厅平面布置图的出图比例为 1∶50。这时候我们对视口的特性进行设置。选取视口的实线框,即选定该视口,如图 5-19 所示。

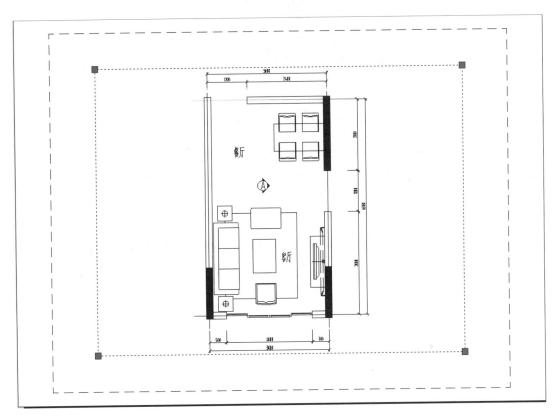

图 5-19　选定视口

在"修改"菜单中选择"特性"命令,打开被选定视口的特性窗口,如图 5-20 所示。

图 5-20 视口特性

在视口的特性管理中，点击"自定义比例"选项框，将比例变为文本编辑状态。此时按照 1：50 将"自定义比例"改为 0.02，视口中的图形就会按照对应 A3 虚拟图纸的大小，自动缩放为 1：50 的比例。如图 5-21 所示。

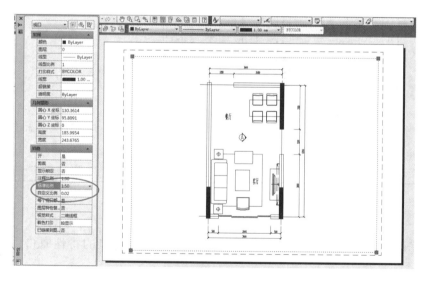

图 5-21 自定义比例视口

设置完比例后，将"显示锁定"设置为"是"。此时图纸布局已经完成。点击对话框左下角的"预览"按钮，查看打印预览效果，如图 5-22 所示。

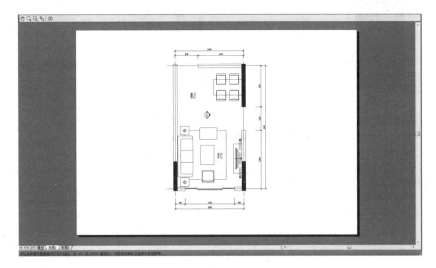

图 5-22　打印预览

由此，客厅及餐厅平面布置图的布局空间已经设置完成。

【技能训练】

现有已绘制完成的客厅 A 立面图和天花构造节点大样图，如图 5-23 和图 5-24 所示。要求用 A2 图幅进行出图，客厅 A 立面图的比例为 1：30，顶棚构造节点大样图的比例为 1：10。试试利用两个不同的视口对图纸进行布局。

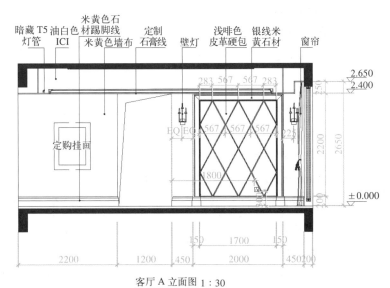

客厅 A 立面图 1：30

图 5-23　客厅 A 立面图

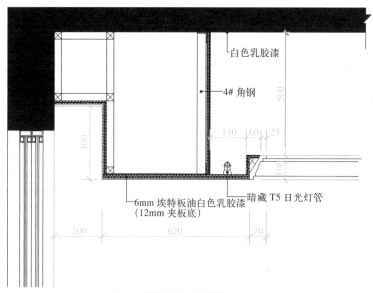

白色乳胶漆

4# 角钢

暗藏 T5 日光灯管

6mm 埃特板油白色乳胶漆
（12mm 夹板底）

顶棚构造节点大样图 1：10

图 5-24　顶棚构造节点大样图

## 【评价】

| 评价内容 | 评价 | | | |
|---|---|---|---|---|
| | 很好 | 较好 | 一般 | 还需努力 |
| 学生自评 布局空间的页面设置 | | | | |
| 打印机设置 | | | | |
| 图纸尺寸的设置 | | | | |
| 打印区域、比例、样式的设置 | | | | |
| 新建视口 | | | | |
| 多视口的布局 | | | | |
| 图形样板的保存 | | | | |
| 完成任务的速度 | | | | |
| 完成任务的准确度 | | | | |
| 教师评价 布局空间的页面设置 | | | | |
| 视口的设置 | | | | |
| 不同比例多视口的布局 | | | | |
| 技能训练的成绩 | | | | |
| 课堂纪律 | | | | |
| 学习的主动性 | | | | |

【知识链接】

在 AutoCAD 中，有模型空间和布局空间。模型空间是我们在实际工作中一般用来绘图的空间。我们可以把模型空间看作是一个无限的空间。无论是二维图形或是三维图形，我们都可以在模型空间里面进行绘制。在模型空间进行绘图工作更加方便，不必优先考虑打印的设置和页面设置等内容。

布局空间也称为图纸空间，是用来设置绘图环境的一种工具。一个布局就可以看作是一张图纸。布局空间主要用于进行图纸的图幅设置、页边距设置、创建和编辑视口、设置绘图比例等。在布局空间中，我们也可以进行各种绘图命令的操作。

如果要将很多幅比例大小不等的图形打印在同一张图纸上。此时使用布局空间就十分方便。在布局空间中，我们可以预先设置纸张大小、非打印区域、视口大小，并把需要打印的图形实体按不同的倍数扩大或缩小后放入不同的视口中，使得每个图形都在视口中按照设定的比例显示。最终打印出布局，就可以得到我们想要的比例的图纸。

对于模型空间和布局空间的区别和联系，我们可以把模型空间想象成一张无限大的图纸。因为无限的空间可以容纳大体量的建筑，因此在模型空间中，我们按 1∶1 的比例进行绘图。

布局空间就相当于一张实际的图纸，例如 A1、A2、A3 等图幅大小。在布局空间内建立视口，目的是将模型空间的图形显示在布局空间中。通过不同视口的属性和显示比例，我们可以将模型空间中的图形按照一定的比例缩放到最终打印出的图纸上。

在模型空间和布局空间中，我们都可以建立多个视口，以设定不同的视图方向，如主视、俯视、右视、左视等。他们之间的区别如下：

1. **模型空间**

（1）每个视口都包含对象的一个视图。例如：设置不同的视口会得到俯视图、正视图、侧视图和立体图等。视口是平铺的，它们不能重叠，总是彼此相邻。

（2）在某一时刻只有一个视口处于激活状态，十字光标只能出现在一个视口中，并且也只能编辑该活动的视口。

（3）只能打印活动的视口；如果 UCS 图标设置为 ON，该图标就会出现在每个视口中。

2. **布局空间**

（1）视口的边界是实体。可以删除、移动、缩放、拉伸视口。

（2）视口的形状没有限制。例如：可以创建圆形视口、多边形视口等。

（3）视口不是平铺的，可以用各种方法将它们重叠、分离。

（4）每个视口都在创建它的图层上，视口边界与层的颜色相同，但边界的线型总是实线。出图时如不想打印视口，可将其单独置于一图层上，冻结即可。

（5）可以同时打印多个视口。

（6）十字光标可以不断延伸，穿过整个图形屏幕，与每个视口无关。

# 任务2　输出打印

## 【任务描述】

　　在完成了对图纸的布局和排版之后，最后也是最关键的一步，就是输出打印。打印是将已经绘制和设置完成的 AutoCAD 图形文件转化为实际图纸的过程，是最具有实质性意义的一步。除了利用打印机打印出纸质的图纸以外，我们还可以利用虚拟打印输出设备，将 AutoCAD 图形文件转换为其他格式的文件，以便于我们将这些 AutoCAD 图形文件放入到其他的图形处理软件中继续使用。将任务一中的客厅及餐厅平面布置图进行输出打印。

## 【学习支持】

### 1. 绘图仪管理

AutoCAD 为用户提供了多种打印机类型。在使用打印命令前，先进入绘图仪管理器中对打印机进行配置。

在"文件"下拉菜单中，找到"绘图仪管理器"点击进入新窗口，如图5-25所示。

| 名称 | 修改日期 | 类型 | 大小 |
|---|---|---|---|
| Plot Styles | 2013/11/19 8:57 | 文件夹 | |
| PMP Files | 2014/8/25 15:48 | 文件夹 | |
| Default Windows System Printer | 2003/3/3 19:36 | AutoCAD 绘图仪... | 2 KB |
| DWF6 ePlot | 2004/7/29 2:14 | AutoCAD 绘图仪... | 5 KB |
| DWFx ePlot (XPS Compatible) | 2007/6/21 9:17 | AutoCAD 绘图仪... | 5 KB |
| DWG To PDF | 2008/10/23 8:32 | AutoCAD 绘图仪... | 2 KB |
| PostScript Level 1 Plus | 2014/8/26 13:55 | AutoCAD 绘图仪... | 2 KB |
| PublishToWeb JPG | 2014/8/25 15:43 | AutoCAD 绘图仪... | 1 KB |
| PublishToWeb PNG | 2014/8/25 15:48 | AutoCAD 绘图仪... | 1 KB |
| 添加绘图仪向导 | 2013/11/19 8:57 | 快捷方式 | 1 KB |

图5-25　绘图仪管理器

在绘图仪管理器中显示出目前已有的各种打印机名称。在这里我们可以对已有的打印机进行配置的修改。双击需要配置的打印机，弹出新的窗口，如图 5-26 所示。

图 5-26　绘图仪配置编辑器

如果需要添加新的打印机，则在绘图仪管理器中进入"添加绘图仪向导"，如图 5-27 所示。

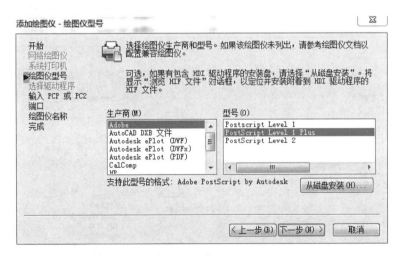

图 5-27　添加绘图仪向导

添加之后，新绘图仪将会出现在绘图仪管理器中，同时在打印时也将出现在打印机的名称下拉菜单中。

除此以外，我们还可以利用"文件"中的"打印样式管理器"预先对各种打印样式进行配置，如图 5-28 所示。

| 名称 | 修改日期 | 类型 | 大小 |
|---|---|---|---|
| acad | 1999/3/9 14:17 | AutoCAD 颜色相… | 5 KB |
| acad | 1999/3/9 14:16 | AutoCAD 打印样… | 1 KB |
| Autodesk-Color | 2002/11/21 19:17 | AutoCAD 打印样… | 1 KB |
| Autodesk-MONO | 2002/11/21 20:22 | AutoCAD 打印样… | 1 KB |
| DWF Virtual Pens | 2001/9/12 1:04 | AutoCAD 颜色相… | 6 KB |
| Fill Patterns | 1999/3/9 14:16 | AutoCAD 颜色相… | 5 KB |
| Grayscale | 1999/3/9 14:16 | AutoCAD 颜色相… | 5 KB |
| monochrome | 1999/3/9 14:15 | AutoCAD 颜色相… | 5 KB |
| monochrome | 1999/3/9 14:15 | AutoCAD 打印样… | 1 KB |
| Screening 25% | 1999/3/9 14:14 | AutoCAD 颜色相… | 5 KB |
| Screening 50% | 1999/3/9 14:14 | AutoCAD 颜色相… | 5 KB |
| Screening 75% | 1999/3/9 14:13 | AutoCAD 颜色相… | 5 KB |
| Screening 100% | 1999/3/9 14:14 | AutoCAD 颜色相… | 5 KB |
| 添加打印样式表向导 | 2013/11/19 8:57 | 快捷方式 | 1 KB |

图 5-28　打印样式管理器

在打印样式管理器中，已有打印样式的配置方法和添加打印样式表的方法，与绘图仪管理器的使用方法相同，在此不作赘述。

**2. 执行打印命令**

在 AutoCAD 操作界面下执行打印命令，有多种操作方式如下：

命令行：输入"plot"。

下拉菜单：选择"文件"→"打印"；

工具栏："绘图"工具栏中选择"打印"按钮🖶；

进入"打印"命令后，屏幕显示"打印"对话框，按下右下角的按钮◉，将对话框展开，如图 5-29 所示。

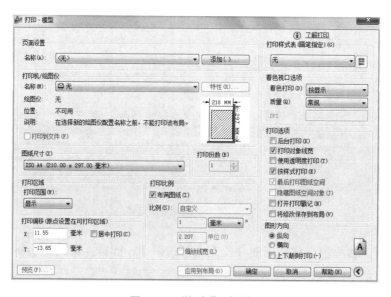

图 5-29　"打印"对话框

该对话框与布局中的图 5-6"页面设置"对话框类似。要注意的是，布局中的页面设置，是对整个布局进行设置，设置之后该布局的每次打印都将按照页面设置的情况进行。而在打印命令中进行设置，只是针对本次打印命令进行设置，不影响之前已经设置好的布局页面设置和下一次打印的设置。

**3. 设置打印区域**

按照之前在布局中介绍的页面设置的方法，同样对打印进行设置，选取合适的打印机、图纸尺寸、打印样式、打印比例和图形方向。除此以外，还需要设置打印区域。

打印区域的设置是为了控制在已经完成的 AutoCAD 图形文件中需要打印出来的范围。点击打印范围下的下拉菜单，如图 5-30 所示。

图 5-30 打印范围

对于打印范围内的几种选择，情况如下：

（1）"窗口"选项：用矩形框来选定打印范围的大小。点击"窗口"按钮，可在模型空间内框选要打印的范围。这种操作方式简单方便，易于掌握。

（2）"范围"选项：该选项的打印范围与"范围缩放"命令相似，用于告诉系统打印当前绘图空间内所有包含对象的部分。当模型空间内的所有图形均需要打印，并且已经在模型空间内排布好之后，可以使用该选项。

（3）"图形界限"选项：控制系统打印当前层或由绘图界限所定义的绘图区域。该选项需要提前设置图形界限。

（4）"显示"选项：将当前 AutoCAD 操作界面的模型空间所显示的图形进行打印。该操作方式精度较低，不宜使用于精确打印。

以上四种打印范围的选择，均为在模型空间下执行"打印"命令的情况下使用。若要打印布局，则需要先进入布局空间后再执行"打印"命令。

**4. 打印偏移设置**

打印偏移是用来确定图形在图纸上的打印位置。

（1）"居中打印"复选框：用于控制是否居中打印。

（2）"X"、"Y"文本框：用于控制 X 轴和 Y 轴打印偏移量。

**5. 打印比例设置**

打印比例的设置方法，与页面设置中的方法相同。我们可以根据出图比例的需要自由设置打印比例。

另外需要注意的是，打印比例中的"布满图纸"勾选之后，AutoCAD 为自动将打印范围布满整张选定的图纸，其打印比例自动计算。在有准确打印比例的要求下，不得使用"布满图纸"的功能。

### 6. 打印样式设置

打印样式的设置方法同本项目的任务一中关于布局的"页面设置"里提到的打印样式设置方法。在此不再赘述。

### 7. 打印预览

在设置好各种打印参数之后，和本项目的任务一中提到的，布局的页面设置预览一样，我们也可以通过"打印"对话框左下角的"预览"按钮进行打印预览。打印预览是一个非常好用的功能命令。通过打印预览，我们可以在出图打印之前预先观察文件打印的设置情况是否与自己的需要相符。对于不符之处，可以再次进行调整和设置。当预览情况符合要求之后，可以确认执行打印命令，进行出图打印。

### 8. 虚拟打印

AutoCAD 中提供了一种将图形打印为电子文件的功能，我们称之为虚拟打印。通过虚拟打印，我们可以不打印纸质的图纸，而是在电脑硬盘中创建一个新的图形文件，将 AutoCAD 中的图形以 JPG、PNG 等各种格式的文件保存下来，以便于将其放入其他图形处理文件中进行使用。例如，将 AutoCAD 中的建筑工程图保存为 JPG 格式的图片，再利用 Photoshop 软件对 JPG 图片进行处理，以满足我们的实际工作需要。

虚拟打印是通过选择虚拟绘图仪来进行的。在进行虚拟打印时，首先要选择需要的虚拟绘图仪。之后再对打印的其他参数进行设置。设置完毕点击确认后，系统会自动弹出对话框，如图 5-31 所示。

图 5-31　打印范围

此时系统需要对输出打印所产生的新图像文件进行命名和保存。通过该对话框可以将输出的文件进行保存。AutoCAD 提供了多种虚拟打印的方式。通过输出打印，我们可以将 AutoCAD 图形文件转换为 XPS、JPG、PNG、PDF 等多种格式的文件。

【学习提示】

1. 在 AutoCAD 的绘图仪中，有相当一部分是采用虚拟打印的方式输出图形文件。因此我们要根据自己的不同需求来选择合适的打印设备或绘图仪。很多时候，AutoCAD 的图形文件需要通过绘图仪进行虚拟打印之后，再放入其他的图形处理软件中使用。

2. 在 AutoCAD 的输出打印过程中，对于图形中某些不需要打印出来的部分，我们可以专门设置图层，将其全部归到该图层下，然后在图层特性管理器当中把该图层设为非打印状态。这样就能够对图形文件方便地进行选择是否需要打印。

3. 在输出打印前，应当对图纸进行检查，查看是否有跑字、丢字、图形移位和尺寸标注移位、图形文件版本不兼容等情况。充分利用打印预览命令可以有效地预防打印错误的发生。

【任务实施】

### 1. 执行打印命令

在 AutoCAD 操作界面下执行打印命令。系统显示"打印"对话框后，使用"窗口"选项设置打印区域，设比例为 1∶50、设打印样式为 monochrome.ctb 打印样式。

### 2. 打印预览

鼠标左键点击"打印"对话框左下角的"预览"按钮进行打印预览。预览效果如任务一中的图 5-22 所示。

### 3. 确认打印

点击"确定"按钮之后，系统自动完成打印工作。

【技能训练】

1. 将任务一的"技能训练"中已布局的图形文件用 A3 纸进行打印，打印比例为任务一中的要求比例，打印样式为 monochrome.ctb 样式。

2. 将任务一中已布局的图形文件进行虚拟打印，形成 JPG、PNG、XPS 文件各一份，要求用 A2 图幅，打印比例为任务一中的要求比例，打印样式为 monochrome.ctb 样式，居中打印，使用窗口选定打印范围。

【评价】

| 评价内容 | | 评价 | | | |
|---|---|---|---|---|---|
| | | 很好 | 较好 | 一般 | 还需努力 |
| 学生自评 | 打印机的设置 | | | | |
| | 图纸图幅的设置 | | | | |
| | 打印比例 | | | | |
| | 打印样式 | | | | |
| | 打印区域的选择 | | | | |
| | 虚拟打印并保存为 JPG 文件 | | | | |
| | 虚拟打印并保存为 PDF 文件 | | | | |
| | 完成任务的速度 | | | | |
| | 完成任务的准确度 | | | | |
| 教师评价 | 设置打印区域 | | | | |
| | 设置打印比例、样式 | | | | |
| | 虚拟打印 | | | | |
| | 技能训练的成绩 | | | | |
| | 课堂纪律 | | | | |
| | 学习的主动性 | | | | |

# 附　录

## 附录 1　AutoCAD 快捷键介绍

### 1. CAD 标准工具快捷键

| 序号 | 名称 | 命令 | 快捷键 | 按钮 | 功能 |
|---|---|---|---|---|---|
| 1 | 特性匹配 | Matchprop | MA | | 把某一对象的特性复制到其他若干对象 |
| 2 | 物体捕捉 | Teporary Traking | Shift+ 右键 | | 捕捉特定点 |
| 3 | 测距 | Distance | DI | | 测量长度、周长和面积 |
| 4 | 实时平移 | Pan Realtime | 右键平移 P | | 实时平移画面 |
| 5 | 实时缩放 | Zoom Realtime | 右键缩放 | | 放大或缩小画面 |
| 6 | 窗口缩放 | Zoom Window | Z | | 窗口缩放等 |
| 7 | 设计中心 | ResingCenter | Ctrl+2 | | 打开文件和插入图块、引入图层、文字样式、标注样式、查询 |
| 8 | 对象特性 | Properties | Ctrl+1 | | 对各种图元进行实时编辑 |
| 9 | 图层管理 | Layers | LA | | 设置图层特性 |

### 2. CAD 基本操作快捷键

| 快捷键 | 功能 | 快捷键 | 功能 |
|---|---|---|---|
| F1 | AutoCAD 帮助 | Ctrl+N | 新建文件 |
| F2 | 文本窗口打开 | Ctrl+O | 打开文件 |
| F3 | 对象捕捉开关 | Ctrl+S | 保存文件 |
| F4 | 数字化仪开关 | Ctrl+P | 打印文件 |
| F5 | 等轴测平面转换 | Ctrl+Z | 撤销上一步操作 |
| F6 | 坐标开关 | Ctrl+Y | 重做撤销操作 |
| F7 | 栅格开关 | Ctrl+X | 剪切 |
| F8 | 正交开关 | Ctrl+C | 复制 |
| F9 | 捕捉开关 | Ctrl+V | 粘贴 |
| F10 | 极轴开关 | Ctrl+K | 超级链接 |
| F11 | 对象跟踪开关 | Ctrl+1 | 对象特性管理器 |
| DEL | 删除对象 | Ctrl+2 | AutoCAD 设计中心 |
| | | Ctrl+6 | 数据库连接 |

### 3. CAD 基本绘图和编辑快捷键

#### （1）复制功能快捷键

| 序号 | 名称 | 命令 | 快捷键 | 按钮 | 功能 |
|---|---|---|---|---|---|
| 1 | 复制对象 | Copy | CO | | 将指定对象复制到指定位置 |
| 2 | 镜像 | Mirror | MI | | 将指定对象按给定镜像线镜像 |
| 3 | 偏移 | Offset | O | | 对指定的对象作同心拷贝 |
| 4 | 阵列 | Array | AR | | 按矩形或环型复制指定的对象 |

#### （2）改变图形位置或形状功能快捷键

| 序号 | 名称 | 命令 | 快捷键 | 按钮 | 功能 |
|---|---|---|---|---|---|
| 1 | 移动 | Move | M | | 将指定对象移动到指定位置 |
| 2 | 旋转 | Rotate | RO | | 将指定对象绕指定基点旋转 |
| 3 | 缩放 | Scale | SC | | 将指定对象按指定比例缩放 |
| 4 | 拉伸 | Stretch | S | | 可以对图形进行拉伸与压缩 |
| 5 | 改变长度 | Lengthen | Lengthen | | 改变直线与圆弧的长度 |
| 6 | 修剪 | Trim | TR | | 用剪切边修剪指定的对象 |
| 7 | 延伸 | Extend | EX | | 延长指定对象到指定边界 |
| 8 | 断开 | Break | BR | | 将对象按指定格式断开 |
| 9 | 合并 | Join | J | | 合并相似对象以形成一个完整的对象 |
| 10 | 倒角 | Chamfer | CHA | | 对两不平行的直线作倒角 |
| 11 | 倒圆 | Fillet | F | | 对指定对象按指定半径到圆角 |

#### （3）绘制直线功能快捷键

| 序号 | 名称 | 命令 | 快捷键 | 按钮 | 功能 |
|---|---|---|---|---|---|
| 1 | 直线 | Line | L | | 绘制二维或三维直线 |
| 2 | 参照线 | XLine | XL | | 绘制两个方向无限长的直线 |
| 3 | 多线 | MLine | ML | | 绘制多条互相平行的直线 |
| 4 | 多段线 | PLine | PL | | 绘制可变宽线或直线与弧线 |

#### （4）绘制曲线功能快捷键

| 序号 | 名称 | 命令 | 快捷键 | 按钮 | 功能 |
|---|---|---|---|---|---|
| 1 | 圆弧 | ARC | A | | 绘制给定参数的圆弧（11 种） |
| 2 | 圆 | Circle | C | | 在指定位置画圆 |
| 3 | 样条曲线 | SPLion | SPL | | 绘制多个可调控制点的曲线 |
| 4 | 椭圆 | Ellipes | EL | | 绘制椭圆或椭圆弧 |

（5）绘制多边形功能快捷键

| 序号 | 名称 | 命令 | 快捷键 | 按钮 | 功能 |
|---|---|---|---|---|---|
| 1 | 正多边形 | Polygon | POL | ⬠ | 画正多边形 |
| 2 | 矩形 | Rectang | Rec | ▭ | 绘矩形 |

（6）其他绘图和编辑功能快捷键

| 序号 | 名称 | 命令 | 快捷键 | 按钮 | 功能 |
|---|---|---|---|---|---|
| 1 | 删除对象 | Erase | E | ✎ | 删除指定的对象 |
| 2 | 插入图块 | InsertBlock | I | 🔂 | 向当前图形插入块或图形 |
| 3 | 制作图块 | MakeBlock | B | 🔂 | 从选定对象创建块 |
| 4 | 点 | Point | PO | ▪ | 在指定位置绘点（可等分线段） |
| 5 | 图案填充 | Bhatch | H | ▨ | 将某种图案填充到指定区域 |
| 6 | 面域 | Region | REG | ◎ | 将包含封闭区域的对象转化为面域对象 |
| 7 | 多行文本 | MuitilineText | MT | A | 以段落的方式来处理文字 |
| 8 | 表格 | Table | Table | ▦ | 创建空的表格对象 |
| 9 | 分解 | Explode | X | 📑 | 分解多段线、块或尺寸标注 |

### 4.CAD 图形对象的选择快捷键

（1）创建选择集的基本方法

◆　最新创建的对象选择"Last----L"

◆　全部选择"ALL"

◆　栅栏选择"F"

◆　多边形窗口选择"WP"

◆　多边形交叉窗口选择"CP"

◆　组选择"G"roup

◆　多重对象选择"M"ulitple

◆　前一次选择集选择"P"revious

◆　取消上次选择"U"ndo

◆　单个对象选择"SI"ingle

（2）修改选择集

◆　删除对象"R"

◆　添加对象"A"

◆　循环选择"Ctrl"

### 5. CAD 尺寸标注与文本标注快捷键

（1）文本标注

◆　多行文本 T

◆　单行文本 TEXT

◆　引导标注 LE

◆　文本的镜像输入命令"MIRRTEXT"，调整变量 1 为 0

（2）尺寸标注

| 序号 | 名称 | 命令 | 快捷键 | 按钮 | 功能 |
|---|---|---|---|---|---|
| 1 | 线性标注 | Linear Dimension | DLI | | 标注水平、垂直线性尺寸 |
| 2 | 对齐标注 | Aligned Dimension | DAL | | 标注倾斜线性尺寸 |
| 3 | 半径标注 | Radius Dimension | DRA | | 标注半径尺寸 |
| 4 | 直径标注 | | DDI | | 标注直径尺寸 |
| 5 | 角度标注 | Angular Dimension | DAN | | 标注角度尺寸 |
| 6 | 快速标注 | | QDIM | | 以快速形式标注尺寸 |
| 7 | 基线标注 | Baseline Dimension | DBA | | 以基线形式标注尺寸 |
| 8 | 连续标注 | Continue Dimension | DCO | | 以连续形式标注尺寸 |
| 9 | 引导标注 | Leader Dimension | LE | | 标注说明文本（S 的设置） |
| 10 | 中心标注 | CenterMake Dimension | DCE | | 标注圆心位置 |
| 11 | 标注编辑 | Dimension Edit | DED | | 用新文字替换、旋转现有标注文字、将文字移动到新位置 |
| 12 | 标文编辑 | Dimension TextEdit | DIMEDIT | | 改变标注文字沿标注线的位置和角度 |
| 13 | 标注样式 | Dimension Style | D | | 标注类型更新 |

### 6. 修改（Modify）Ⅱ工具条的运用

| 序号 | 名称 | 命令 | 快捷键 | 按钮 | 功能 |
|---|---|---|---|---|---|
| 1 | 显示次序 | Draworder | DR | | 修改图象和其他对象的显示次序 |
| 2 | 编辑图案填充 | Hatchedit | HE | | 编辑图案填充 |
| 3 | 编辑多段线 | Pedit | PE | | 对由 Pline 线画出的图形进行编辑 |
| 4 | 编辑样条曲线 | Splinedit | SPE | | 编辑样条曲线 |
| 5 | 编辑多线 | Mledit | ML | | 对由 Mledit 线画出的图形进行编辑 |
| 6 | 编辑图块 | ATTEDIT | | | 用于修改有属性的块 |
| 7 | 编辑文本 | DDEDIT | | | 编辑文字和属性定义 |

## 附录 2　建筑施工图

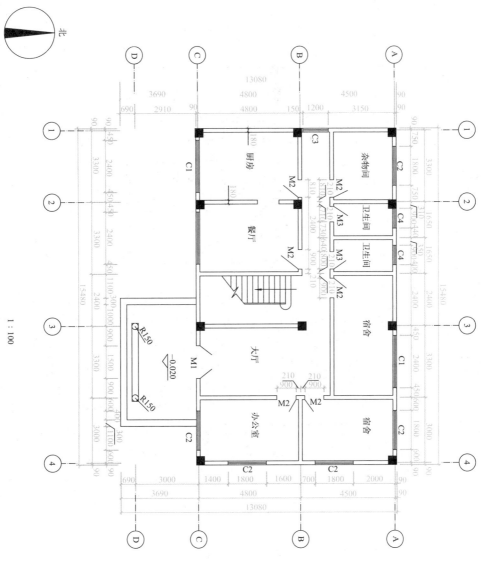

附图 2-1　首层建筑平面图

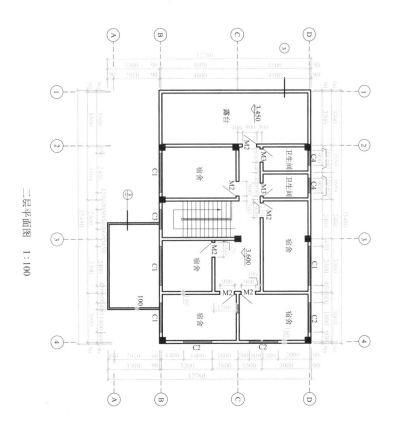

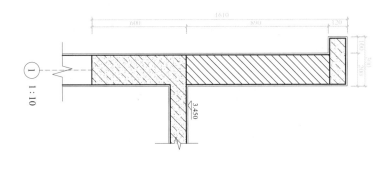

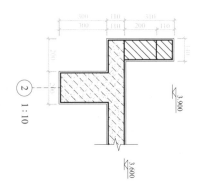

附图 2-2  二层平面图、大样图

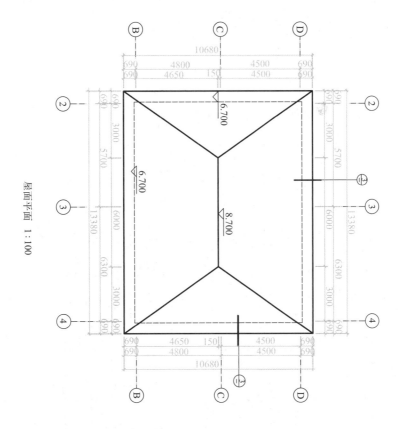

屋面平面　1:100

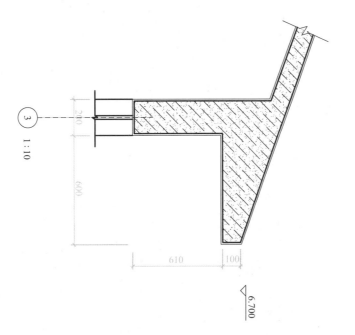

附图 2-3　屋顶平面及大样图

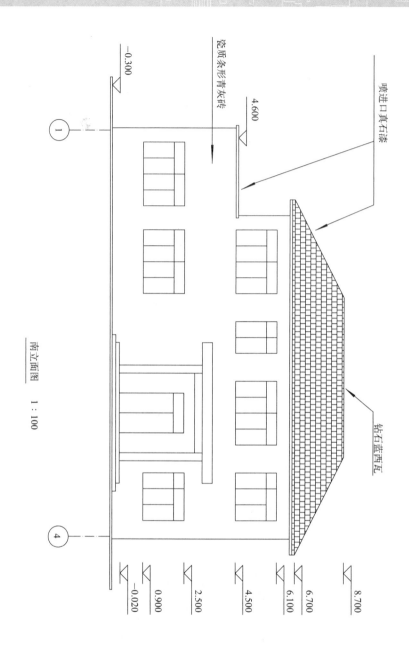

南立面图　　1:100

| 门窗表 | |
|---|---|
| 设计编号 | 洞口尺寸（宽×高） |
| M1 | 1500×2500 |
| M2 | 900×2100 |
| M3 | 800×2100 |
| C1 | 2400×1600 |
| C2 | 1800×1600 |
| C3 | 1200×1600 |
| C4 | 900×1600 |

附图 2-4　南立面图

## 附录3　建筑装饰施工图

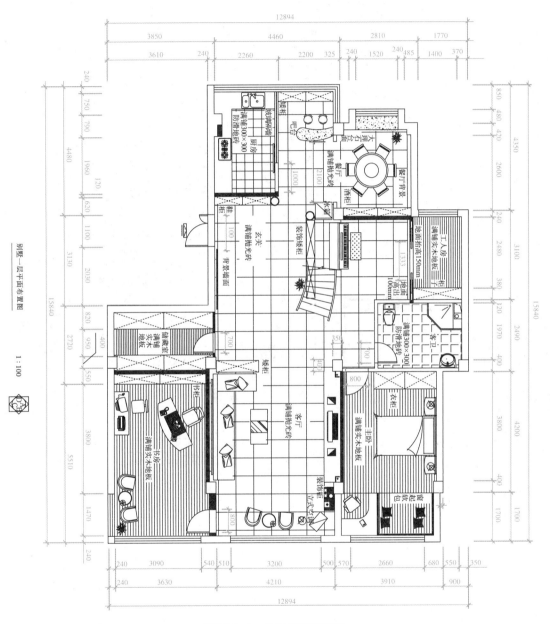

附图3-1　首层平面布置图

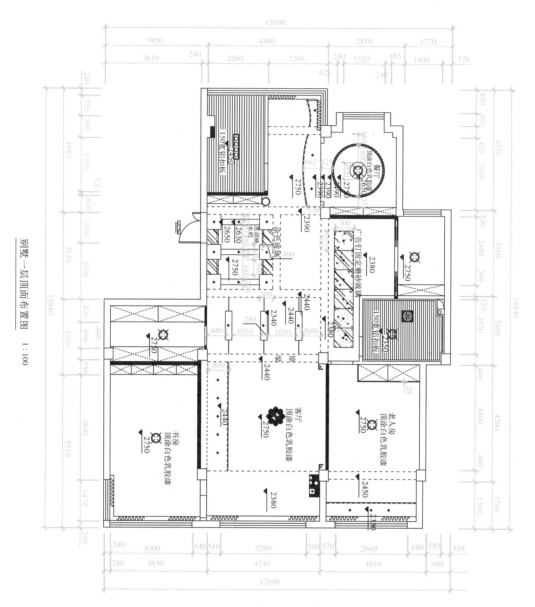

别墅一层顶面布置图  1:100

附图 3-2  首层顶棚平面图

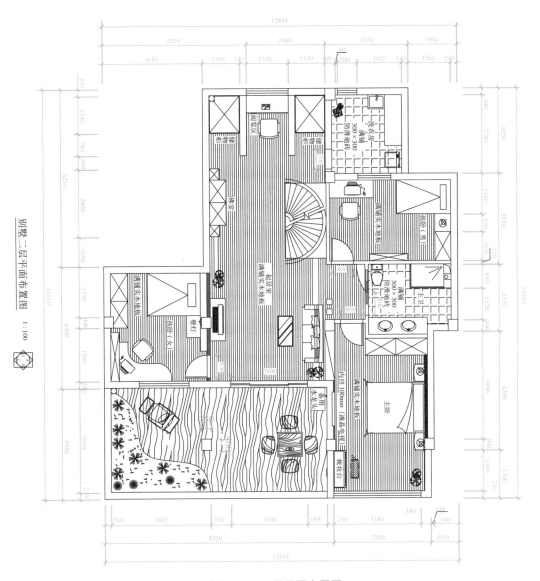

附图 3-3　二层平面布置图

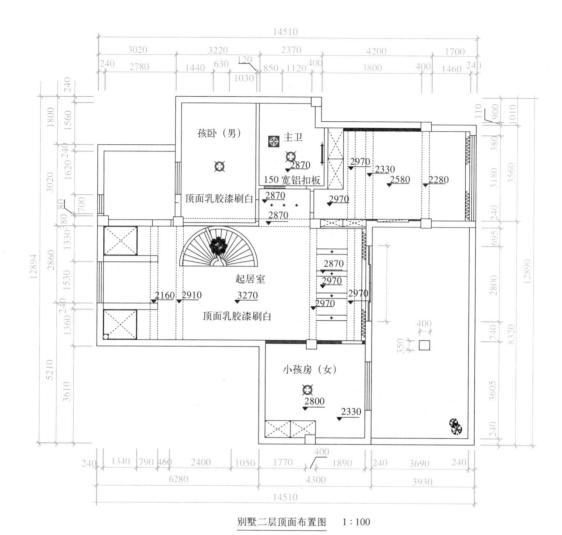

别墅二层顶面布置图　　1：100

附图 3-4　二层顶棚平面图

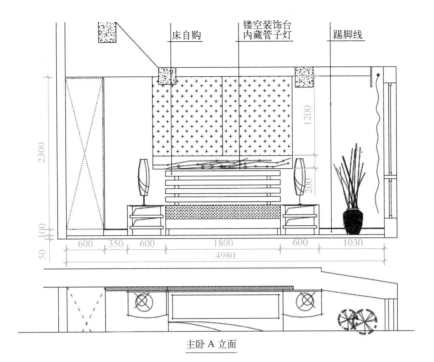

主卧 A 立面

附图 3-5　主卧 A 立面

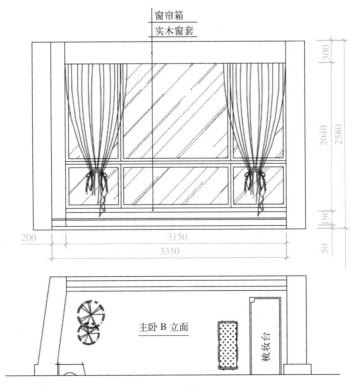

主卧 B 立面

附图 3-6　主卧 B 立面

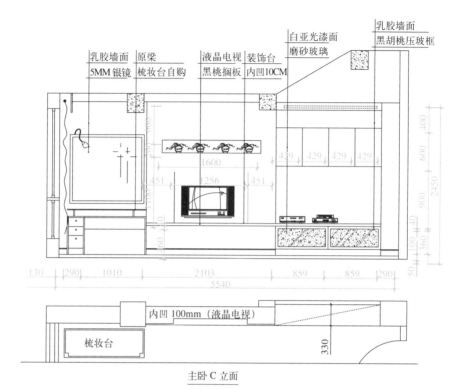

附图 3-7　主卧 C 立面

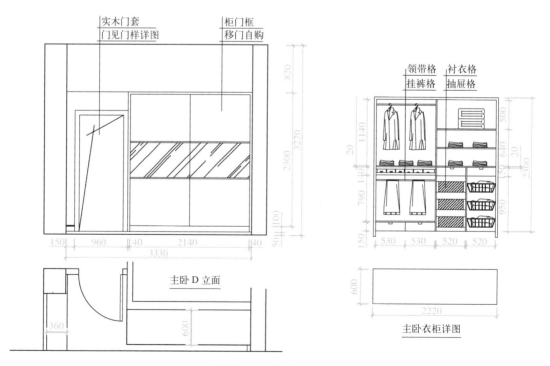

附图 3-8　主卧 D 立面

# 参考文献

[1] 罗康贤，郑继辉.计算机建筑制图.广州：华南理工大学出版社，2006.3.

[2] 吴舒琛，王献文.土木工程识图（房屋建筑类）.北京：高等教育出版社，2010.7.